『電力産業の会計と経営分析』（平成 30 年 11 月 28 日刊）

正誤表

頁	誤	正
iii 頁 上から 4 行目	8 における廃炉の中心に 9 におけると中心に	第 8 章でイギリスにおける原子力発電の再処理と廃炉の会計問題を中心に、第 9 章でフランスにおける原子力発電所の再処理との会計問題を中心に取り上げて、その特徴と問題点について触れている。
vii 頁 下から 3 行目	日本原然	日本原燃
119 頁 第 7 章の見出し	日本原然	日本原燃

電力産業の会計と経営分析

谷江 武士　田村 八十一 編著

同文舘出版

執筆者紹介（執筆順）

第 1 章　谷　江　武　士（名城大学）
第 2 章　髙　野　　　学（駒澤大学経済学部）
第 3 章　山　﨑　真理子（東京高等教育研究所）
第 4 章　田　中　里　美（三重短期大学法経科）
第 5 章　谷　江　武　士
第 6 章　田　村　八十一（日本大学商学部）
第 7 章　田　村　八十一
　　　　　谷　江　武　士
第 8 章　松　田　真由美（公益財団法人政治経済研究所）
第 9 章　金　子　輝　雄（青森公立大学経営経済学部）
第10章　桜　井　　　徹（国士舘大学経営学部）
第11章　桜　井　　　徹
第12章　谷　江　武　士
　　　　　田　村　八十一

まえがき

2011年3月にマグニチュード9の東日本大震災と原子力発電事故が発生してから，既に7年半が経過した。しかし，今なお福島県などの被災地域は元のように復興していないし，原子力発電事故によるデブリの取り出し，汚染水の増加，廃炉および原発再稼働の動向などからみても明らかなように混迷する状況にある。それほどこの事故は現在のみならず遠い将来まで解決すべき諸問題を残しているといえる。

ここで取り上げる電力産業は，日本の経済を支えるエネルギー産業であるというだけでなく，私たちの生活にとって毎日欠かすことのできない電力エネルギーを生み出す公益事業でもある。本書は，このように現代社会において極めて重要な産業の1つとして位置づけられる電力産業の企業分析と通常の企業会計で見られない電力企業会計の問題を取り上げている。しかしながら本書を上梓するにあたって，若干の危惧がなかったわけではない。それは，我々が会計や経営の専門家であっても，エネルギー問題や電力問題そして原子力発電問題の専門家ではないことであり，また何よりも2011年の大震災と原子力発電事故を目の前にして，このような大きな問題に会計学や経営学の領域から十分にフォローすることができるかという懸念があったからである。

とはいえ，他方において，2011年以降，エネルギー，電力産業あるいは原子力発電に関する専門書や研究論文が発表されてきたが，会計学，経営学から総合的に分析した書物は意外にも少ないように思われた。しかも長期的に原子力発電問題を取り上げる社会的意義は益々重要になってきている。このことが，我々が若干の懸念を持ちながらも，本書を執筆する大きな動機となっている。

本書は，こうした点から内外の電力産業や原子力発電等に関する会計学・経営学の成果を取り入れ，電力産業が今なお混迷する状況の中で，日本の電力エネルギーや原子力発電の廃炉・賠償，電気料金問題等について，電力産業の会計や企業分析の研究を行い，岐路に立つ内外の電力産業・原子力発電などの実態とその課題を析出することを目指した。

また本書の執筆者は，電力産業と原子力発電問題に関して基本的な事柄のポイントを押えるため精力的に「電力産業の経営分析と会計研究会」（事務局，柳田純也氏）を開催し，幾度か研究構想を練り直した上で，各執筆者の分担を決め，本書の項目にそって研究を進めてきたという経緯がある。研究会では，執筆者に加えて村井秀樹氏（日本大学），柳田純也氏（名城大学）が参加し，活発な議論を行った。

本書の特徴は，会計学・経営分析・経営学という３つの視点から電力産業や原子力発電の会計や実態を検討しているところにある。これが第１の特徴である。第２の特徴として，日本以外にイギリス，フランス，ドイツについて，限定した内容であるけれども検討を加えている点である。さらに第３の特徴は，そのアプローチにある。すなわち批判的会計学ないし批判的経営分析，批判的経営学という社会科学としての会計学ないし経営学を念頭に電力産業ないし原子力発電を対象にして考察をしていることである。これらのアプローチは，単に現実を追認するのではなく，会計制度に歪みやバイアスが存在することを前提に企業を個別資本として捉えて，歴史的な視点や資本主義の矛盾を踏まえたうえで電力産業や原子力発電の会計や実態を明らかにしようとするところにある。

本書は，次のように３部構成を取っている。

第Ⅰ部「電力産業の会計とその役割」は，第１章で電力産業における歴史的な特質を検討するとともにその会計制度の変遷と問題点を，第２章で総括原価を踏まえた電気料金の会計とその諸問題を，第３章で変貌する廃炉の会計問題を，第４章で電力産業の税制の仕組みと問題点を批判的に検討している。

第Ⅱ部「電力産業における原子力発電の経営分析」は，第５章で主に東京電力を中心に原子力発電の経済性と安全性を分析している。次いで第６章では，東京電力グループに焦点を絞り，“実質国有化”前後の財務構造などについて分析を行い，その特質と問題点を析出している。さらに第７章では，各電力会社からの出資によって設立された原発専業の日本原子力発電と既に破綻している

「核燃料リサイクル」を担うべく設立された日本原燃の分析を試みている。これら分析により，原子力発電の孕む諸問題を経営分析の視点から明らかにしている。

第Ⅲ部「イギリス・フランス・ドイツの海外動向と日本の課題」は，8におけると廃炉の中心に9におけると中心に第10章では，ドイツの電力事業改革における再公有化の動向と評価について取り上げ，その改革の特質と課題を明らかにしている。さらに第11章では，特に日本においても参考になるであろうドイツのハンブルグ市における再公有化後の実例を取り上げて考察を加えている。第12章では，本書全体を踏まえたうえで，日本における電力産業の課題について総論的な論点をまとめている。

以上のように本書は，社会科学としての会計，経営の視点から電力産業および原子力発電の実態を断片的ながらも明らかにすることを試みようとしたものである。もとより，本書がこのようなアプローチによって，電力産業と原子力発電の分析とその会計の課題の解明にどこまで成功したかは，読者の忌憚のない意見と批判を仰がなければならないと考えている。

なお末筆ではあるが，厳しい出版状況の下で，本書の編集に多大な労をとっていただいた同文舘出版株式会社・編集局長の市川良之氏および大関温子氏には大変お世話になった。ここに感謝申し上げたい。

2018年10月

編著者

谷江　武士

田村八十一

目　次

第II部
電力産業における原子力発電の経営分析

第III部 イギリス・フランス・ドイツの海外動向と日本の課題

第 I 部

電力産業の会計とその役割

第1章
電力産業の発展と会計

1. 電力産業の地域独占の形成と電気事業会計の形成

日本における電灯の灯火は，1878年3月25日に東京虎ノ門でアーク灯が灯ったのが最初であった。それから間もなくして東京電燈会社（のちの東京電力）が1883（明治16）年に設立された。主要株主は，貴族，政商，地方豪商等であった。

東京電燈の開業以降，日本各地に電力会社が生まれている。1888（明治21）年から1897（明治30）年の初めにかけて東京から各地方都市へ電力会社が設立されていった。まず1888年以降に神戸電燈，大阪電燈，京都電燈，横浜共同電燈，名古屋電燈が相次いで事業を開始した。さらに地方の中都市へと伝播し，1891（明治24）年には，熊本電燈，札幌電燈，岡山電燈，仙台電燈，徳島電燈，高松電燈，富山電燈が設立・開業している。

当時は，電気料金が高かったので需要が少なかった。しかし日清，日露戦争以降になると，経済の発展により電力需要が大幅に増えた。これに対応して水力発電が開発され，水力発電が中心になった。山間部で発電する水力発電を街中まで送電することができたのは，長距離でしかも高圧送電技術が発展したからあった。東京電燈は，1907年12月に駒橋発電所を完成させ，「水主火従」の電源構成となった。

1931年4月2日に電気事業法は全文改正された。1911年以来，旧電気事業法に基づいて電気事業の保護助成政策が展開されたが，1920年代中頃に5大電力を中心とした競争激化は，「電力会社の設備重視，資産の悪化，業績の低下をもたらし，ここに統制の強化が必要とされるに至った」（角瀬・谷江［1990］225

頁）。この改正電気事業法は，供給区域独占，料金認可制，発送電予定計画の3つを柱としていた。この電気事業法体制の中でイニシアチブを握ったのは池田成彬などの財閥銀行家であった。財閥銀行家は改正電気事業法に基づいて設置された「電気委員会」に委員として参加し，電力政策の基本方向の決定に大きな影響力を発揮した（梅本［2000］253頁）。

電力会社における電気料金設定の基準として，総括原価計算が導入された。この導入は第2次世界大戦以前においてであった。戦前の1933年7月10日，11日の電気委員会（逓信省）では「料金認可基準」の中に「電気料金の基準として『総括原価計算』を導入した。この計算では電気事業の利潤を2%に制限しようとする条項」（梅本［2000］230頁）が入っていた。総括原価に含めるべき項目は，減価償却費，営業費，利得を合計したものである。

1925年から1939年にかけて電気料金が変化している。電力料金と電灯料金の推移を見ると，1925年には企業で消費される電力料金が55円／千kWh，電灯料金が90円／千kWhであったが，1937年には電力料金が32円／千kWhに13円値下がりし，電灯料金が108円／千kWhへと18円も値上がりしている。このように電灯と電力の料金格差は，以前よりも一層増大している（梅本［2000］244頁）。とりわけ電灯料金が高い。

第2次世界大戦中には，1938年に「電力管理法」と「日本発送電株式会社法」が公布された。電力の国家管理が戦争遂行の下で行われ，所有は民間で，経営は国営という形で電力会社に一定の規則を課した。

日本発送電株式会社は，「民間の電力会社の設備を強制的に出資させて設立されたもので，電力設備の建設や電力料金，役員などに関する重要事項は政府の決定または命令によらねばならなかった。しかしその見返りとして，電力会社は，初年度から10年間，4分配当まで政府によって保障されることになった」（角瀬・谷江［1990］31頁）。

2. 戦後の電力会社の9分割から第1次石油危機（1973年秋）における会計制度（積上げ方式からレートベース方式へ）

第2次世界大戦後の1945年8月に軍需省を廃止し，商工省に電力局をおいた。1948年2月に日本発送電および9配電会社は過度経済力集中排除法の指定を受け廃止された。同年4月に電気事業民主化委員会が設置された。1949年11月に電気事業再編成審議会（委員長，松永安左エ門）を設置し50年2月に答申を出し，同年11月に電気事業再編成令，公益事業令が公布された。1951年5月に電気事業再編成令により9電力会社が設立され，同年8月には第1回電力社債（6社で10億円）が発行された。1952年11月には電気事業連合会が発足し，1956年1月に原子力委員会が発足した。さらに原子力3法が施行された。1957年11月に日本原子力発電株式会社が設立された。そして1960年2月には「新電気料金算定基準に関する通産省令」が公布された。

1958年12月の「電気料金制度調査会答申」では，料金算定に当たってガス事業や米国の電気事業に倣い，それまでの「積上げ方式」（支払利息，配当金等の実払額を原価算入する方式）からレートベース方式の採用などの点を提言した。この答申に基づいて1960年1月に「電気料金制度改正要綱」が定められ，「事業報酬は，従来，支払利息，配当金および利益準備金の合計をもって事業報酬とする，いわゆる積上げ方式から，『企業の努力を刺激する』見地から事業に投下された真実かつ有効な事業資産の価値（電気事業固定資産，建設中の資産，繰延資産および運転資本について算定した額の合計額）に対して一定の報酬率を乗じて得た額を事業報酬とした。これはレートベース方式といわれ，採用された。この場合の報酬率は，電力会社の資本構成比率，一般利子率，企業収益率，その他諸般の事情を考慮して8%とされ，また，再評価積立金相当額に対して4%の報酬が認められ」（通産省公益事業局［1961］373頁）た。

1964年7月には，電気事業法（法律第170号）が公布され65年7月に施行された。1966年7月に，日本原子力発電東海発電所の一部は原子力発電初の営業運転を始めた。1970年3月に日本原子力発電敦賀発電所が運転開始した。同年

11月に関西電力美浜発電所1号機が運転開始した。

この時期は，原子力発電の重視，電力の安定供給と投資効率の向上，「新経営方策」＝経済性の重視を電力経営の中に位置づけた。

1973年秋の石油危機以降に石油火力から原子力発電重視へ電力経営を切り替えていった。この石油危機は石油価格の高騰をまねき，電力会社も脱石油化への方向を明らかにした。

1974年3月には電気事業審議会料金制度部会中間報告が出された。第1次石油危機（1973年秋）で，「原油価格の大幅値上げや電力需給の逼迫に対応した設備投資に伴う資本費の高騰等の要因によって料金原価は大幅に増加する傾向」（中間報告Ⅰ 7）にあった。この電気料金原価の高騰，電気料金の上昇に対して消費者による灯油裁判が行われ，「電気料金値上げの反対運動」が高まった。

1974年6月には電源開発促進税法が制定された。この税の納税者は電力会社であり，「販売電気につき，電源開発税を納める義務がある」（電源開発促進税法第3条）。この電源開発促進税は，総括原価に算入され，最終的には電気消費者の負担となっている。日本の電力産業の中でリーディングカンパニーである東京電力は，石油危機以降，「脱石油」から原子力発電へ傾斜し，LNG，海外炭による発電を重視し，電力の安定供給の確保と投資効率の向上を目指した。

1978年9月になり，円高差益の還元問題に関連して，電気料金のあり方や経理公開のあり方を検討することが求められた。このような経緯から1979年3月に電気事業審議会料金制度部会中間報告が出された。ここでは電気料金の設定では原価主義にいう原価は「能率的な経営のもとにおける適正な原価であるべきことである」（電気料金研究会編［1999］174頁）といわれる。電気料金は公共料金であるので必要な料金原価に織り込まれなければならないといわれ「減価償却方法を定額法から定率法に変更するとの措置を講ずるのが適当である（電気料金研究会編［1999］174-175頁）」。

1977年12月には，当時の平岩外四社長の下で，「新経営方策を作成し，アラブや中国，インドネシアなどの東南アジアの国際的な開発事業に参加し，資源確保に乗りだした。

第二次石油危機以降になると，1980年6月に「80年代経営の基本路線」を発表し，原子力を中心とする電源施設の設置や東南アジアからのLNGの輸入，日本原燃サービスの設置，50万ボルト基幹送電線の設置などの経営路線を明確にした。この延長線上に「電源ベストミックス」構想が打ち出された。この構想の中心に原子力発電を置き，LNGや海外炭に依存する発電を重視し，逆に石油火力や水力発電の比重を下げることをねらいとした。この構想の根拠として「原子力発電の経済性や原子力発電の稼働率の向上，そして青森県下北半島での核燃料サイクル基地の計画化の推進を掲げている」（角瀬・谷江［1990］54-55頁）。

3. 電力産業の原子力発電増設とバックエンド費用会計 —1980年代～90年代—

日本の原子力発電所は，1970年代から増設され，80年代には電源ベストミックスのベース電源と位置づけられた。東京電力だけでも年間1兆円を超す原子力発電や送電網への設備投資が行われた。

1979年3月には，電気事業審議会料金制度部会から中間報告として「料金原価のあり方」（資源エネルギー庁公益事業部業務課監修［1984］359-364頁）が公表されている。ここでは料金原価に影響を及ぼす減価償却方法，特定投資，使用済核燃料の再処理費用を取り上げている。減価償却方法については「インフレに伴い生じている実質的償却不足に対処する必要がある」（資源エネルギー庁公益事業部業務課監修［1984］359頁）として検討されている。結論として「料金算定上定率法を採用するのが適当である」（資源エネルギー庁公益事業部業務課監修［1984］361頁）と述べている。また特定投資については，料金原価上，レートベースに算入せず，料金原価外として取り扱ってきた。しかし「特定投資により配当が得られるようになった場合，料金原価上，配当を控除項目とするのが適当である」（資源エネルギー庁公益事業部業務課監修［1984］362頁）という。次に「使用済核燃料の再処理費用」については，1979年3月の電気事業審議会料金制度部会の中間報告では，使用済核燃料の再処理費用について，「現在の電気料金は，回収されるウラン及びプルトニウムの価値により再処理費用を賄えるという前提に立って設定されている。しかしその再処理費用が，ウラン及びプルトニウムの価値を上回ることになれば，将来の電気の消費者に負担させることになる」（電気料金研究会編［1999］193頁）。また「料金原価上も再処理費用を費用とせず，資産としてレートベースに算入することとしている」（電気料金研究会編［1999］196頁）。「現在直ちに料金上の取扱いを変更するのではなく，その取扱いについては検討していくことが適当である」（資源エネルギー庁公益事業部業務課監修［1984］363頁）という。「事業報酬率」については，「現在の事業報酬率は8％」であるが「現在直ちに変更すべき根拠はない」（資源エネルギー庁公益事業部業務課監修［1984］364頁）といわれる。

1981年12月には，電気事業審議会料金制度部会から「原子力バックエンド費用の料金原価上の取扱いについて」（資源エネルギー庁公益事業部業務課監修［1984］365-367頁）が公表された。「原子力バックエンド費用のうち高レベル放射性廃棄物のガラス固化費用を含む再処理費用については，現在回収されるウラン及びプルトニウムの価値が費用と等価であるとの前提で資産として取り扱うこととしており，料金原価上の取扱いもこれに従っている」（電気料金研究会編［1999］196-196頁）。このことは資産を過大に評価し，レートベースによる事業報酬率を過大に計上することになる。

「再処理費用は，回収されるウラン及びプルトニウムの価値を上回ることは明らかとなっている」（資源エネルギー庁公益事業部業務課監修［1984］365頁）。このため再処理費用のうち回収されるウランおよびプルトニウムの価値を上回る部分については，「しかるべき時点で費用扱いが必要であるが，この場合，再処理費用を支出した時点で費用計上し，料金算入する実払方式か，炉内で核燃料が燃焼している時点において引当金として費用計上し，料金算入する引当方式が考えられる」（資源エネルギー庁公益事業部業務課監修［1984］365頁）と述べている。高レベル放射性廃棄物におけるガラス固化費用を含む使用済核燃料の再処理費用については，「炉内で燃焼している時点で引当金を積み立てる方式により，料金原価に算入することが適当である」（資源エネルギー庁公益事業部業務課監修［1984］366頁）という。企業会計上の処理は損益計算書の費用に核燃料再処理費用を計上し，貸借対照表には核燃料再処理引当金を計上する。

また放射性廃棄物の処分および廃炉の費用については「現時点では処分方法

等につきなお不確定要素が多く，将来の費用を合理的に見積ることが困難であるので，引き続き内外の事態の推移を見極めながらその取扱いを検討していくことが適当である」（資源エネルギー庁公益事業部業務課監修［1984］366頁）と述べている。

1985年7月15日に，総合エネルギー調査会原子力部会は，「商業用原子力発電施設の廃止措置のあり方について」を発表し，廃炉処理費用は，密閉期間5年の場合，「出力110万キロワット級では一基約300億円かかるといわれた」（角瀬・谷江［1990］72頁）。

1980年代に電気料金のあり方に関してバックエンド費用に関連した会計理論問題が指摘された。それは原子力発電のバックエンド費用の見積り，引当金計上は会計学上の発生主義の考え方による。その基礎には，期間損益の合計は，企業の生涯全体をとおした損益に一致するという「一致の原則」があるが，「原子力発電に関するかぎり，この一致の原則が，事実上作動しないというほうが正しい」（森川［1980］178頁）といえる。「それは理論的に成り立たないばかりでなく，現実的には電気料金への転嫁によって消費者，国民に負担を強いる」（森川［1980］178頁）ことになる。この背景には，原子力発電の核燃料サイクルが未だ完成していない事情があるからである。

さらに1987年3月末には電気事業審議会料金制度部会中間報告を発表した。原子力発電施設廃止措置費用については，「発電を行うことに伴う費用であって将来発生することが確実であり，また，昭和60年7月の総合エネルギー調査会原子力部会の報告により費用の合理的見積が理論的に可能となったことから，世代間負担の公平を図るため，発電を行っている時点で引当金を積み立てる方式によって料金原価に算入することが適当である」（資源エネルギー庁公益事業部業務課監修［2000］367頁）。また放射性廃棄物の処分費用については，現時点では，処分方法等について「不確定な要素が多く，将来の費用を合理的に見積ることは困難である。したがって，引き続き内外の事態の推移を見極めていく必要がある」（資源エネルギー庁公益事業部業務課監修［2000］367頁）。

1989年には，同中間報告を受けて東京電力は，初めて原子炉等廃止措置費（貸方に，原子炉等廃止措置引当金）として285億円計上している。この後，1990

年には「原子力発電施設解体引当金に関する省令」に名称を変更した。この省令により廃炉のために原子力発電施設解体引当金を前もって引当計上してきた。

4. 「電力自由化」と原子力発電にゆれる電力会社 ―1995年の電気事業法改正―

日本の電力規制緩和の検討は，1990年代初め頃から開始された。1993年12月に経済産業省総合エネルギー調査会は，電気事業規制のあり方をめぐる提言を行ない，競争原理の導入や分散型電源の活用などを含む電気事業の規制の見直しをはかるべきことを提言した。

1995年1月および同年7月に電気事業審議会料金制度部会中間報告を発表した。この報告では，規制緩和における「インセンティブ規制」の考え方が提言され，競争原理を導入した。

つまり申請原価に対して，(イ)ヤードスティック方式による査定により電気事業者間の効率的競争を行う方法，(ロ)効率化努力を織り込んだ標準的指標を各事業者に一律に設定して，これに基づき査定を行い電気事業者の効率を促す方法のいづれかを費用の特性に応じて適用する」（電気料金研究会編［1999］230-231頁）。

1995年12月に30年ぶりに電気事業法が改正された。この1995年の改正電気事業法では，発・送電一貫体制の維持，送電部門の透明化・公平性，振替供給料金の廃止，電力取引所の創設，段階的小売自由化を内容としていた。託送（自己託送サービス）制度や特定地点検供給制度を導入し，保安規制の規制緩和を盛り込んだのである。しかし電力会社の地域独占や私企業の形態は従来と変わらなかった。

1998年10月に経済産業省の電気事業審議会料金制度部会は，電力会社が財務体質を改善して，資金調達コストを低減し，資金調達を円滑に進めるために，現在以上に投資家の利益を勘案する必要があると述べている。この点で，従来，利益還元が，料金値下げに向けられていたが，これを「株主や投資家へも利益還元したい」（荒木東電元社長）と述べている。つまり消費者・国民から株主・投資家を重視する姿勢に変わっている。

電力会社が総括原価主義にこだわるのは，完全自由主義になれば料金の低減を招き，「安定供給」ができなくなるという。電力会社は，財務体質改善による株主の配当金増加や資金調達金利の低減という経済合理性追求＝民間企業を志向している。公益事業体と民間企業という2つの顔を従来，電力会社は，「便利に使い分けたことは否めない」（『日経産業新聞』［1998］）といわれた。

1999年1月には，電気事業審議会の基本政策部会と料金制度部会の報告書がまとまった（穴山悌三［2004］73-78頁）。これを受けて同年5月に電気事業法が改正され，2000年3月から部分自由化が施行された。

この改正電気事業法の会計に関する要旨は以下のようである。

1，自由化部門と規制部門との間で内部相互補助を行うことがないように一般電気事業者の部門別収支の算定ルールを定め毎年度算定結果を確認をする。費用の配分方法に基づいて区分して管理する。

2，送電線の利用料金―託送料金

託送料金に含めるべきコストを具体的に明確に特定し，そのコスト回収が適正に行われる必要がある。託送料金の設定は，総括原価に基づく料金算定ルールを基礎とする。

1999年9月には，通産省（現経済産業省）は，「高レベル放射性廃棄物処分推進法案」をまとめ，2000年4月にこの法案を衆議院本会議，5月末に参議院本会議において可決・成立した。この地層処分の研究施設建設でも，北海道幌延町にこの建設を打診したが，町は，最終処分地になりかねないとして協議を保留した。

資源エネルギー庁は，国内で稼働中の51基の原子力発電所の解体放射性廃棄物の処分費用総額は，約8,000億円との前提で試算を行った。その結果，1kWh当たり4銭弱になるとの見方を示した（『日本経済新聞』［1999］）。

今世紀に入ると2004年1月23日に総合資源エネルギー調査会は，「原子力燃料サイクルバックエンドの総事業費に関する報告書」（『電気新聞』［1999］）を初めて発表し，原子燃料サイクル総事業費の見積額が18兆8,000億円であることを明らかにした。この見積額は少なく見積られているといわれ，さらに10兆円はかかるといわれている。

2010年4月には，従来から採用されてきた「原子力発電施設解体引当金」の処理から資産除去債務会計基準の導入に伴い積立限度額を見直した。

5. 東日本大震災・東京電力の原発事故以降の会計制度（2011年3月から現在）

2011年3月11日には東日本大震災が発生し，東電福島第一原発事故が生じた。この事故によって住民への損害賠償や原子力発電の廃炉等の問題が生じた。この解決のため東京電力と原子力損害賠償支援機構（以下，機構）は，「総合特別事業計画」を発表し，さらに「機構」は2013年12月27日にも，「新・総合特別事業計画」（東京電力・原子力損害賠償支援機構［2013］）の中で巨額の廃炉費用の計上が必要であると発表した。廃炉費用1兆円と被害者賠償費用5兆円超の合計6兆円超は東京電力が負担することになっていた。

原子力バックエンド費用に関する引当金を有価証券報告書（東京電力）で見ると，2011年3月期に東京電力は，「原子力発電施設解体引当金が5,100億円から資産除去債務7,918億円に増加している。資産除去債務会計基準適用に伴う影響額は，2,818億円の増加（東京電力［2011］）となっている。

経済産業省は，2013年7月23日に「廃炉に係る会計検証ワーキンググループ」（経済産業省［2013］）の会合で，廃炉費用を総括原価の中に算入し，電気料金によって回収する枠組みを作ること，廃炉時にその損失の処理規則を決めれば電力会社が廃炉を決断しやすくなる点で意見が一致したという。電力会社が廃炉を決めると廃炉費用の積立不足と原発の資産価値がなくなり巨額の特別損失が生じる。新たな制度では廃炉にしても原発の価値をゼロにしないで，廃炉完了までの必要な設備（原子炉格納容器など）は「資産」とみなし，毎年減価償却費の計上が可能となり，電気料金への算入も認められた。一方発電機・タービンなどの発電資産は，廃炉決定後は使用しないので回収する電気料金に応じて減価償却する。

東京電力の事故炉の見積りは9,469億円で特別損失に計上済みである。しかし事故炉の廃止措置に向けて取得した設備については，その減価償却費を料金原価に含めることとしている。

また原子力発電施設解体引当金の引当方法は，発電所1基毎の発電実績に応じて引き当てることとし，これによって生ずる原子力発電施設解体費は，料金原価項目に含める。原子力発電所の稼働状況にかかわらず着実に引当を進める観点から定額法または定率法とし，運転終了後も実際に解体が本格化するまでの間は引当を継続するという。運転終了後の引当計上は，「能率的経営の下において適正な原価」を算入する場合と異なる。

東京電力福島第一原発の事故処理費用が増大し続けている（**図表1-1**）。経済産業省によると，2011年3月に福島第一原発の事故処理費用の試算が6兆円であったが，2013年になると福島第一原発の事故処理費用の試算が11兆円に膨張した。さらに2016年になると，21.5兆円と見積っており，ほぼ2倍ずつ増えている。2016年の21.5兆円との見積りの内訳を見ると，「廃炉費用8兆円（13年は2兆円），賠償費用7.9兆円（同5.4兆円），除染費用4兆円（同2.5兆円）」

図表 1-1　原発処理のための費用

		2013年時点		2016年時点
福島第一原発	廃炉	2兆円	→	8兆円
	賠償	5.4兆円	→	7.9兆円
	除染	2.5兆円	→	4兆円
	中間貯蔵施設	1.1兆円	→	1.6兆円
	計	11兆円	→	21.5兆円
予定より廃止を早める原発の廃炉費（九州電力玄海原発1号機など）				0.2兆円
その他の廃炉（一部積立済み）				2.9兆円
最終処分場（一部積立済み）				3.7兆円
もんじゅ・常陽（廃炉を除き支出済み）				1.6兆円
核燃料サイクル（支出済み）				10兆円
総額				約40兆円
自治体への補助金など政府予算（支出済み）				17兆円

注　：電源三法交付金が始まった1974年度から2015年まで。核燃料サイクル事業費や最終処分の研究開発費など一部は重複する。
出所：『中日新聞』朝刊，2017年2月26日，1頁。

(『中日新聞』[2017]) となっている。東京電力の費用負担が限界を超えるといわれる中，政府は電力消費者に負担を求める「東電改革案」を提案し，託送料金制度の活用によるという。2016年12月に経産省有識者会議「東京電力改革・1F問題委員会」(東電委員会) の提言では消費者が支払う電気料金の中に託送料金を含める。託送料金とは電力会社が所有する送配電網を発電事業者や他の電力小売業者が利用することで支払う費用である。この託送料金は，「送配電事業者である大手電力が費用を計算し，経済産業省の認可を得るが，国会審議を経る必要はない。今後，事故処理費用が拡大すれば，コストを回収しやすい託送料金が利用されかねない (『エコノミスト』[2017] 20頁)。

このように，政府によると東京電力福島第一原発処理のための費用は21.5兆円と巨額の費用が見積られている。さらに福島第一原発関連以外の費用を含めると，約40兆円に達している。自治体への補助金など政府予算 (支出済) 17兆円を加えると57兆円にも達している (**図表1-1**)。こうした巨額の原発関連の費用によって国民の負担は重くなっている。

参考文献

梅本哲世 [2000]『戦前日本資本主義と電力』八朔社。
角瀬保雄・谷江武士 [1990]『東京電力』大月書店。
穴山悌三 [2004]「日本の電力産業：構造と変革」植草益編『エネルギー産業の変革』NHK出版。
経済産業省 [2013]「廃炉に係る会計検証ワーキンググループ」(7月23日)。
資源エネルギー庁公益事業部業務課監修 [1984]『電気事業会計関係法令集』。
資源エネルギー庁公益事業部業務課監修 [2000]『電気事業会計関係法令集』。
通産省公益事業局 [1961]『電気事業の現状と電力再編成10年の経緯，電力白書』。
電気料金研究会編 [1999]『市民の電気料金』電力新報社。
東京電力 [2011]「有価証券報告書」(3月期)。
東京電力・原子力損害賠償支援機構 [2013]「新・総合特別事業計画」(12月27日)。
『日経産業新聞』[1998] 朝刊，10月8日。
『日本経済新聞』[1999] 朝刊，9月7日。
『電気新聞』[1999] 朝刊，6月29日。
『中日新聞』[2017] 朝刊，2月26日。
『エコノミスト』[2017] 2月7日。
森川博 [1980]「原子力発電の会計―その基本的性格」『新しい時代の企業像』和歌山大学，178頁。

(谷江武士)

第2章 電気料金の決定と会計

1. はじめに

電気事業は，産業経済・国民生活に欠かせないインフラストラクチャーであり，電気の安定供給と低廉な料金の実現の双方が求められる。しかし，2011年3月に発生した東日本大震災による福島第一原子力発電所（以下，福島第一原発）の事故により，電気の安定供給が脅かされるとともに，多くの旧一般電気事業者が料金単価の値上げを行う本格改定を実施することとなった[1]。旧一般電気事業者が本格改定を実施するには，規制当局である経済産業省の厳格な審査手続きならびに内閣府の消費者庁における検証等を経て認可を受ける必要がある。この審査過程において，本格改定を実施した旧一般電気事業者の電気料金に関わるコスト構造が明らかとなり，電気事業における総括原価が注目されることとなった。

また，福島第一原発の事故を契機として，電気事業では事業者間の競争を促進させ，効率的で安定的な電気の供給体制を構築しようと2016年4月から電力小売全面自由化が実施された。この電力小売全面自由化により，新規の電力小売事業者が電力市場へ参入し，様々な料金メニューを打ち出したため，契約種別の電気料金への関心が高まることとなった。

本章では，近年において電気利用者の関心が高い電気料金がどのように決定されるのか，その決定方法について検討する。電気料金の決定に際しては，電気サービスの提供に要する適正な原価に適正な利潤を加えた総括原価がまず算定され，それに基づいて各契約種別の電気料金が決定される。ここでは，各契約種別の電気料金の決定の基礎となる総括原価に焦点を当て，その算定方法であるレートベース方式による総括原価について考察したい。さらに，東日本大震災後に総括原価の内容が明らかとなった東京電力の事例を素材として[2]，電気事業におけるレートベース方式による総括原価の問題点についても指摘する。

2. 電気事業における料金決定

（1）電気事業における料金制度

電気事業における料金制度の歴史は古く，1911年に制定された電気事業法では届出制が採用された。1931年に電気事業法が改正されると，翌年の1932年には届出制から認可制へと料金制度が変更された。この認可制の運用のため，1933年に「電気料金認可基準」が定められ，アメリカ等の諸外国で採用されていたレートベース方式による総括原価が導入されることとなった（中川［1952］4頁）。その後，戦時体制によって産業統制が強化されると，電気事業も1939年以降に国家管理体制となり，料金設定方式がレートベース方式による総括原価から費用積上げ方式による総括原価へと変更された（前田［1962］164頁）[3]。1960年からは再びレートベース方式による総括原価が採用され，現在でも旧一般電気事業者の規制料金の設定方式として用いられている。

1960年以降，電気事業では積極的な制度改革は行われず，1990年代に入ってようやく電気事業の高コスト構造に関する指摘がなされるとともに，国内外の規制緩和の社会的要請を受け，電気料金の低廉化を目的とした制度改革が実施されることとなった。その制度改革として，間接的な競争環境を創出することによって電気事業者の経営効率化のインセンティブを付与する「ヤードスティック査定」が1995年に導入され[4]，翌年の1996年には為替レート，燃料価格の変動分を電気料金に反映させる「燃料費調整制度」が導入された[5]。

2000年に入ると，旧一般電気事業者のさらなる効率化を目的とした制度改革および競争促進政策が実施されることとなった。2000年に電気料金の値下げ時には審査手続きを行わないとする「料金値下げ届出制」が導入され，これにより規制コストの負担が軽減されるとともに，旧一般電気事業者の効率化成果を機動的に料金へ反映できるようになった[6]。また，同年には電気事業の競争促進政策として，電力小売部分自由化が開始され，契約容量2,000kW以上の大規模工場・オフィスビル，デパートを対象とした特別高圧部門が自由化された。さらに，2004年に契約容量500kW以上2,000kW未満の中規模工場・ビル，スーパーを対象とした高圧大口部門が，2005年には50kW以上500kW未満の小規模工場・ビルを対象とした高圧小口部門まで自由化が拡大されることとなった。2012年になると，再生可能エネルギーによって発電された電気を旧一般電気事業者が固定価格で買い取ることを義務づける「再生可能エネルギー固定価格買取制度」が導入された[7]。そして，2016年には一般家庭や商店が対象となる契約容量50kW未満の低圧部門が自由化され，電力会社を自由に選択できる電力小売全面自由化が実現されることとなった。

図表 2-1　電気事業における料金制度の変遷

1911年	届出制の採用
1932年	届出制から認可制へ変更
1933年	レートベース方式による総括原価の採用
1939年	費用積上げ方式による総括原価へ変更
1960年	再びレートベース方式による総括原価の採用
1995年	ヤードスティック査定の導入
1996年	燃料費調整制度の導入
2000年	料金値下げ届出制の導入，特別高圧部門の自由化
2004年	高圧大口部門の自由化
2005年	高圧小口部門の自由化
2012年	再生可能エネルギー固定価格買取制度の導入
2016年	低圧部門の自由化による電力小売全面自由化

出所：筆者作成。

(2) 規制料金決定の２つの領域

電気料金は，基本料金，電力量料金に加え，前述の燃料費調整制度による燃料費調整額，再生可能エネルギー固定価格買取制度による再生可能エネルギー発電促進賦課金から構成される。2016年の電力小売全面自由化は，一般家庭や商店の基本料金，電力量料金が自由化され，新規参入の電力小売事業者によって様々な料金メニューが提示された[8]。他方，旧一般電気事業者に課されていたレートベース方式による総括原価によって決定される規制料金は，電力小売全面自由化以降も利用者が選択できるよう，経過措置として維持されることになった。この旧一般電気事業者によって設定される規制料金は，「原価主義の原則」，「公正報酬の原則」，「需要家に対する公平の原則」の三原則に基づいて決定される。また，規制料金の決定に際しては，料金水準と料金体系の２つの領域が存在する。

料金水準とは，旧一般電気事業者が規制料金を通じて得る料金総収入のことであり，旧電気事業法第19条第2項第1号では「料金が能率的な経営の下における適正な原価に適正な利潤を加えたものであること」という「原価主義の原則」における総括原価主義が規定されていた（山谷編［1992］132頁）。そのため，料金総収入に見合う総括原価をどのように算定するかという問題は，この料金水準の領域となる。また，総括原価の構成要素である利潤は，設備投資等の資金調達コストとして公正なものでなければならないという「公正報酬の原則」に基づいて算定される。なお，電気事業では総括原価のことを「総原価」とよぶ。

他方，料金体系とは供給電圧，使用時間・期間などによって区分された各契約種別の電気料金のことであり，前述の基本料金ならびに電力量料金といった小売料金がこれに相当する。レートベース方式による総括原価に基づく小売規制料金は，**図表２-２**のプロセスにしたがって決定される。まず，旧一般電気事業者は向こう３年間の原価算定期間における供給計画，業務計画，経営効率化計画などの前提計画を策定し，この前提計画に基づいて料金水準である総原価を算定する。次に，その総原価を水力，火力，原子力等の９つの事業部門と保留原価に整理し，それらの各事業部門と保留原価から託送に関連しない送電等非関連コストと託送に関連する送電等関連コストに分類する[9]。その後，送電等非関連コストから小売規制料金原価（可変費・固定費）を，送電等関連コストから託送料金原価（可変費・固定費・需要家費）を算定し，最終的に契約種別ごとの小売規制料金，託送料金が決定される（大西［2011］9頁；電力取引監視等委員会［2015］104-105頁）。このように，小売規制料金は「原価主義の原則」における個別原価主義に基づいて決定され，また各利用者に公平な料金を適用しなければならないという「需要家に対する公平の原則」が要請される。

ところで，電気事業では電力小売全面自由化以前において，旧一般電気事業者が工場・ビル向けの自由化部門の小売料金を安価にし，その赤字分を一般家庭，商店向けの規制部門に補填するという内部相互補助を防ぐため，規制部

図表 2-2　規制料金の決定プロセス

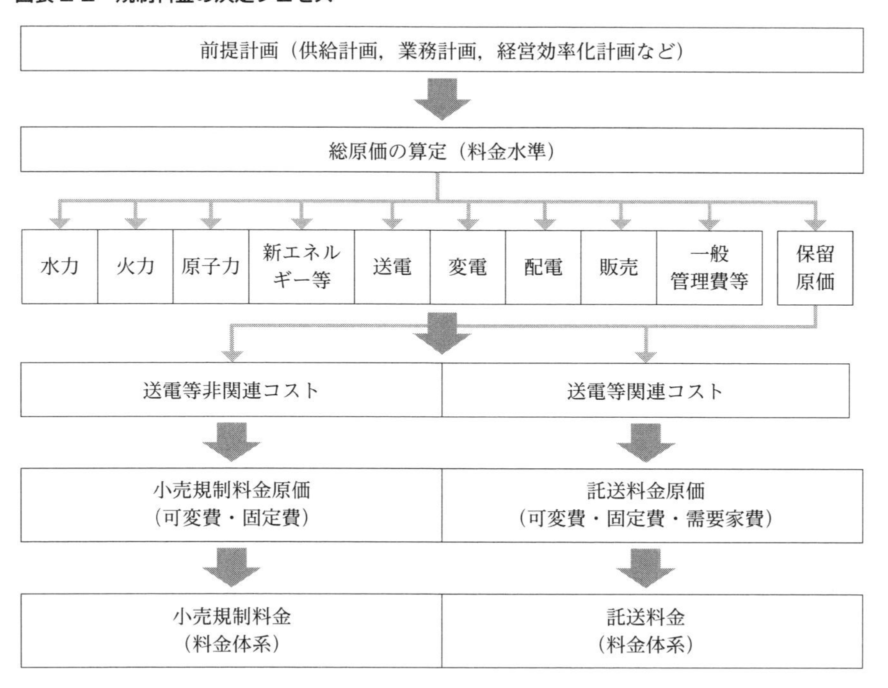

出所：大西［2011］9頁；電力取引監視等委員会［2015］104-105頁をもとにして筆者作成。

門・自由化部門それぞれの原価を算定し，その原価に基づいて規制部門のみならず，自由化部門の小売料金についても決定するよう規定していた（電気事業講座編集委員会編［2008］26-27頁）。[10] しかしながら，旧一般電気事業者が原価に基づいて自由化部門の小売料金を決定していたかは疑問である。東日本大震災後に公表された資料によれば，2006年度から2010年度の旧一般電気事業者10社の平均販売電力量は自由化部門で62%，規制部門で38%であったのに対し，電気事業利益は自由化部門で31%，規制部門で69%となっていた（総合資源エネルギー調査会総合部会［2012］5頁）。これは，内部相互補助によって自由化部門の小売料金が規制部門の小売料金よりも割安に設定され，旧一般電気事業者の利益の約7割が規制部門からもたらされていたことを意味する。[11]

上記のプロセスに基づいて料金体系である小売料金が決定されることになるが，以下では小売料金決定の基礎となるレートベース方式による総括原価の算定方法に焦点を当てて考察する。

3. レートベース方式による総括原価の算定方法

（1）総原価の算定

電気事業では，**図表2-3**に示されるように電気サービスの提供に必要と見込まれる「営業費」に電力設備の建設・維持に必要な資金調達コストである「事

図表2-3　電気事業における総原価の算定方法

総原価 ＝ 営業費 ＋ 事業報酬 － 控除収益

営 業 費：電気サービスの提供に必要な費用
事業報酬：資金調達コスト
控除収益：電気料金以外で得られる収入（他社販売電力料，電気事業雑収益）

出所：「一般電気事業供給約款料金算定規則」第2条第1項および第2項をもとに筆者作成。

業報酬」を加え，さらに電気料金以外で得られる収入である「控除収益」を控除して総原価を算定する。総原価の算定に際しては，前述の通り旧一般電気事業者が策定する供給計画，業務計画，経営効率化計画などの前提計画をもとに原価算定期間3年の総原価を見積もる。そのため，旧一般電気事業者の総原価，そして総原価に基づいて算定される各契約種別の電気料金は，旧一般電気事業者の策定する前提計画に大きく左右されることになる（遠藤他［2000］299頁）。

旧一般電気事業者は，電気の安定供給が義務づけられている一方，発電所や送電線といった電力設備の建設・維持に多額の資金を必要とする。旧一般電気事業者が公共性の高い電気事業を安定的に継続するためには，電気サービスの供給に必要な費用と電力設備の建設・維持のための資金調達コストを保障する必要があり，電気事業におけるレートベース方式による総括原価はそれらを保障する役割を担っている（大島［2013］86頁）。また，旧一般電気事業者は従来，地域独占の立場にあり，独占価格を設定するおそれがあったため，レートベース方式による総括原価では事業報酬の算定方法を規定し，旧一般電気事業者が独占価格を設定しないよう利用者の利益を保護する役割も担っている。

（2）営業費の内容

営業費は，電力の発電から販売に至るまで電気サービスの提供に必要な費用であり，人件費，燃料費，修繕費，減価償却費，購入電力料，公租公課，原子力バックエンド費用，その他経費の営業費目からなる。また，「一般電気事業供給約款料金算定規則」第3条第1項では，**図表2-4**に示されるように52の営業費項目が列挙されている。

この営業費項目は限定列挙的に規定されているように見えるが，規制当局である経済産業省により必要に応じて追加されてきた。例えば，原子力発電の稼働後に発生する使用済燃料の再処理費用や原子炉の廃炉費用である原子力バックエンド費用は，これまでも必要に迫られ営業費に追加されている（大島［2013］83頁）[12]。新たな営業費項目が営業費に追加されることになると，旧一般電気事業者はその費用を電気料金として利用者から回収することが可能となるため，経

図表 2-4　営業費の内訳

営業費目	営業費項目
人件費	役員給与，給料手当，給料手当振替額（貸方），退職給与金，厚生費，委託検針費，委託集金費，雑給
燃料費	燃料費
修繕費	修繕費
減価償却費	減価償却費
購入電力料	地帯間購入電源費，地帯間購入送電費，他社購入電源費，他社購入送電費
公租公課	水利使用料，固定資産税，雑税，電源開発促進税，事業税，法人税等
原子力バックエンド費用	使用済燃料再処理等発電費，使用済燃料再処理等既発電費，特定放射性廃棄物処分費，原子力発電施設解体費
その他経費	廃棄物処理費，消耗品費，補償費，賃借料，託送料，事業者間精算費，委託費，損害保険料，普及開発関係費，養成費，原子力損害賠償資金補助法一般負担金，原賠・廃炉等支援機構一般負担金，研究費，諸費，電気料貸倒損，固定資産除却費，共有設備費等分担額，共有設備費等分担額（貸方），建設分担関連費振替額（貸方），附帯事業営業費用分担関連費振替額（貸方），開発費，開発費償却，電力費振替勘定（貸方），株式交付費，株式交付費償却，社債発行費，社債発行費償却

出所：「一般電気事業供給約款料金算定規則」第3条第1項，資源エネルギー庁［2011］10頁をもとに筆者作成。

済産業省によって追加される営業費項目については注視する必要がある。

他方，旧一般電気事業者は従来，競争のない地域独占が認められており，営業費を削減しようというインセンティブが働きにくかったといえる。そのため，後述するように手厚い福利厚生費が営業費に算入されることとなった。しかし，2016年の電力小売全面自由化により，旧一般電気事業者も営業費を削減しようというコスト意識が芽生えることとなった。

（3）事業報酬の算定

事業報酬は，**図表2-5**に示されるように支払利息である他人資本コストと配当等の自己資本コストを合わせた資本調達コストのことであり，レートベースに報酬率を乗じて算定する。このレートベースに基づいて事業報酬を算定する総括原価は，レートベース方式による総括原価とよばれる。

レートベースは，電気事業の能率的な経営のために必要かつ有効であると認められる事業資産の価値を表し，①特定固定資産，②建設中の資産，③核燃料資産，④特定投資，⑤運転資本，⑥繰延償却資産から構成される。また，報酬率は**図表2-6**に示されるように，自己資本報酬率および他人資本報酬率をそれぞれ計算し，旧一般電気事業者の自己資本比率と他人資本比率を30%対70%と仮定して加重平均することにより算定する。自己資本報酬率は，全旧一般電気事業者を除いた全産業の自己資本利益率の実積率相当にβ値を乗じた率と公社債の利回り実積値に（1 − β）値を乗じた率を合算して計算する[13]。もう一方の他人資本報酬率は，全旧一般電気事業者の平均有利子負債利子率を用いて計算する。

事業報酬は，レートベースに報酬率を乗じて算定するため，レートベースが

図表 2-5　事業報酬の算定方法

出所：東京電力株式会社［2012a］1-2 頁をもとに筆者作成。

図表 2-6　報酬率の算定方法

$$\text{報酬率} = \text{自己資本報酬率} \times \text{自己資本比率}(30\%) + \text{他人資本報酬率} \times \text{他人資本比率}(70\%)$$

$$\text{自己資本報酬率} = \text{全産業(全旧一般電気事業者を除く)の自己資本利益率} \times \beta + \text{公社債利回り実績値} \times (1-\beta)$$

β：旧一般電気事業者の事業経営リスク
（自己資本報酬率のウェイト付けに適用）

$$\text{他人資本報酬率} = \text{全旧一般電気事業者の平均有利子負債利子率}$$

$$\text{平均有利子負債利子率} = \text{支払利息} \div \text{有利子負債残高(社債 + 長期借入金 + 短期借入金 + コマーシャル・ペーパー)}$$

出所：電気料金制度・運用の見直しに係る有識者会議［2012］34 頁をもとに筆者作成。

大きくなればなるほど，事業報酬も大きく計算されることになる。そのため，旧一般電気事業者は事業報酬を増大させようとレートベースを過剰に保有しようとするインセンティブが働く可能性がある[14]。この計算構造は，原発の建設推進に大きく寄与していたと考えられる。一般に原発の建設は，同程度の出力規模の火力発電所の建設と比較して多額の費用が必要となるため[15]，原発の建設は旧一般電気事業者のレートベースを大きくさせ，ひいては事業報酬を増大させることにつながる。また，原発で使用した使用済燃料は再処理を施して原子力燃料とすることを前提としており，レートベースの構成要素である核燃料資産の中に含められるため，原発の稼働後もレートベースが大きく計算されることになる。しかし，核燃料サイクルが破綻している現在[16]，「ゴミ」ともいうべき使用済燃料をレートベースに含め，事業報酬を大きく計算させるレートベースの構成は問題があるといえよう。

4. レートベース方式による総括原価の問題点

ここからは，東日本大震災後に明らかとなった東京電力における総原価の内容を検討することにより，電気事業におけるレートベース方式による総括原価の問題点を指摘する。

(1) 届出時と実績の営業費の乖離

東京電力では，1987年1月から料金の値下げを実施し，2000年に導入された料金値下げ届出制以後も継続的に料金の値下げを実施していたため，経済産業省による総原価の審査手続きは10年以上行われていなかった。しかし，東日本大震災後に東京電力の今後の事業のあり方を検討した東京電力に関する経営・財務調査委員会の「委員会報告」によって，総原価の算定に用いる届出時（見積り）の営業費と実績の営業費の乖離が明らかとなった（東京電力に関する経営・財務調査委員会［2011］122-142頁）。この「委員会報告」によれば，**図表2-7**に示されるように2001年度から2010年度までの10年間において，実績の営業費が届出時の営業費を上回ったのは2002年度および2007年度だけであり，それ以外の年度では実績の営業費の方が届出時の営業費よりも低い水準にあっ

図表2-7　東京電力における届出時と実績の営業費の乖離（固定費＋可変費）

（単位：百万円）

年度	2001	2002	2003	2004	2005
乖離額	9,645	▲22,797	33,322	53,436	50,866

2006	2007	2008	2009	2010	合計
83,851	▲90,538	6,601	51,503	34,658	210,547

注　：乖離額は，「届出時の営業費－実績の営業費」で計算したものである。また，ここでは固定費および可変費（燃料費，購入電力費等）の合計に基づいて乖離額を計算している。
出所：東京電力に関する経営・財務調査委員会［2011］127，131頁をもとに筆者作成。

た。また，この10年間における届出時と実績の営業費の乖離は，合計2,105億円にものぼった。

届出時の営業費を基礎にして総原価，そして規制料金が算定されるため，実績の営業費が届出時の営業費を下回ることになれば，その差額は東京電力の内部留保として蓄積されることになる。東京電力における届出時と実績の営業費の乖離は，東京電力による経営効率化努力による部分もあるであろうが，あまりに両者の乖離が大きいと届出時の営業費の見積りが適正でなかったのではないか，ひいては供給計画，業務計画等の前提計画の策定に問題があったのではないかという疑念が浮かぶ。また，この間の東京電力の料金は継続的に引き下げられていたものの，届出時と実績の営業費の大幅な乖離が生じていたのであれば，より一層の料金値下げも可能であったであろう。

このように，レートベース方式による総括原価では見積りによって届出時の営業費が算定されるため，届出時の営業費の見積り次第では実績の営業費を上回ることになり，電気料金が高く設定される可能性がある。一方，料金値下げ時には審査手続きを行わないとする料金値下げ届出制が導入されていたとはいえ，このような大幅な乖離が発生している以上，規制当局である経済産業省は東京電力の実績の営業費を把握すべきであったと考えられる。料金値下げ届出制は，規制当局と旧一般電気事業者の情報の非対称性による規制コストの負担軽減を図ることが目的の１つでもあるが（エネルギーフォーラム［2011］31頁），経済産業省が東京電力の実績の営業費を把握することに努めていれば，営業費の大幅な乖離を防ぐとともに，より一層の料金低廉化も実現できたであろう。そのように考えると，料金値下げ届出制についても今後見直しを検討する必要がある。

(2) 手厚い福利厚生費の算入

東京電力の2012年の本格改定に際して行われた経済産業省の審査手続きならびに消費者庁の検証により，東京電力の営業費の見直しが検討された。その結果，従来まで営業費に算入されていた厚生・体育施設の運営費，文化活動支援費用，社員食堂の運営費は，営業費から除外されることとなった[17]。これらの厚生費は，東京電力の従業員の福利厚生の見地から必要であると考えられるが，料金値上げに対する利用者の理解を得るため，営業費に算入しないことが決定された。また，経済産業省による審査手続きならびに消費者庁の検証では，以下のような東京電力の従業員に対する手厚い福利厚生の実態も明らかとなった。

1つは，健康保険料の会社負担についてである。単一健康保険組合および総合健康保険組合の平均事業主負担割合は55%であったのに対し，東京電力の健康保険料の会社負担割合は73%であった（経済産業省［2013］2頁）。そのため，2012年の本格改定において東京電力の健康保険料の会社負担割合は，50%に引き下げられることとなった。

2つは，カフェテリアプランの補助費についてである。東京電力では，従業員自らが福利厚生サービスを選択，利用できるカフェテリアプランの補助費として2010年度に年間1人当たり94,000円，2011年度は年間1人当たり98,000円を補助していた（東京電力株式会社［2012b］3頁）[18]。民間企業・団体79社の調査によれば，従業員規模10,000人以上のカフェテリアプランの一般的な平均補助額は年間1人当たり66,227円であったため（労務研究所［2011］6頁），東京電力のカフェテリアプランの補助費は2012年の本格改定に際して，一般的な平均補助額の水準に減額されることとなった。

3つは，リフレッシュ財形貯蓄制度についてである。東京電力では，月額1,000円から3,000円の10年満期の積み立てに対し，満期時に年利8.5%の利子が付与されるリフレッシュ財形貯蓄制度が存在した。この年利8.5%という高利回りの利率に対する利子は，2012年の本格改定の前まで営業費に含められ，電気料金によって賄われていた。しかし，2012年の本格改定に際し，リフレッシュ財形貯蓄制度は廃止されることとなった。

4つは，東京電力病院の運営費についてである。東京電力病院は，東京電力の従業員とその家族，そして退職者しか利用することができないが，その運営費は営業費の中に含められ，東京電力の利用者に負担させていた。この東京電力病院の運営費についても，2012年の本格改定に際して営業費から除外されることとなった[19]。

東京電力の従業員に対する福利厚生は当然認められるべきであるが，上記のように東京電力では2012年の本格改定前まで手厚い福利厚生費を営業費に含め，それらの費用を電気料金に含めて利用者から回収していたことが明らかとなった。レートベース方式による総括原価では，営業費の中に費用を算入することによりそれらの費用を電気料金に含めて回収することが可能となるため，営業費に算入する費用はお手盛りとなりやすく，また費用を削減するというインセンティブが働かない可能性がある。

(3) 実態を反映しない報酬率

事業報酬を算定する際に用いる報酬率は，前述の通り自己資本報酬率および他人資本報酬率をそれぞれ計算し，自己資本比率と他人資本比率を30%対70%と仮定して加重平均することにより算出する。この自己資本比率と他人資本比率を30%対70%とする仮定は，1995年の電気事業審議会料金制度部会において定められた。1993年度におけるガス3社，通信1社，航空3社，JR1社，民営鉄道15社の平均固定比率（固定資産÷純資産）は約360%であり，これが旧一般電気事業者の「適正な固定比率」とされた。また，1993年度の旧一般電気事業者の固定資産比率（固定資産÷総資産）は約96%であったことから，自己資本比率が約27%（96%÷360%×100）と計算され，この数値に近い30%が電気事業の自己資本比率として定められることとなった（資源エネルギー庁［2012］23頁）。しかし，電気事業の自己資本比率を30%とする仮定は，東京電力の資本構成の実態と乖離している。

図表2-8に示されるように，東日本大震災発生以前の2007年度から2009年

図表2-8　東京電力（単体）における自己資本比率および他人資本比率の推移

	2007年度	2008年度	2009年度	2010年度	2011年度
自己資本比率	18.2%	16.4%	17.1%	8.9%	3.5%
他人資本比率	81.8%	83.6%	82.9%	91.1%	96.5%

出所：東京電力の2007年度から2011年度の有価証券報告書をもとに筆者作成。

度の東京電力の単体における自己資本比率は16%～18%であり，東日本大震災の発生した2010年度には8.9%に低下している。さらに，2012年の本格改定の直近に当たる2011年度の東京電力の単体における自己資本比率および他人資本比率は3.5%対96.5%となっており，報酬率算定の仮定とかけ離れていることがわかる。

2012年の本格改定時の東京電力の報酬率は，自己資本比率と他人資本比率を30%対70%と仮定する報酬率の算定方法に基づいて2.9%とされたが，2011年度における東京電力の実際の自己資本比率と他人資本比率を用いて筆者が試算した報酬率は1.8%であった。この報酬率の差である1.1%（2.9%－1.8%）は，一見すると小さいようにも考えられるが，2012年の本格改定時の東京電力のレートベースは9兆2,583億円であったため，事業報酬の差はおよそ1,018億円（9兆2,583億円×1.1%）にものぼり，その過大分は2012年の本格改定による料金値上げに反映されるとともに，東京電力の内部留保として蓄積されることとなった。

このように，電気事業のレートベース方式による総括原価は，報酬率の算定において計算構造上の問題を抱えており，旧一般電気事業者の資本構成の実態に合わせた見直しが必要になると考えられる[20]。

5. おわりに

本章では，電気料金の決定プロセスについて概観するとともに，電気事業におけるレートベース方式による総括原価の算定方法を検討し，さらに東日本大震災後に総原価の内容が明らかとなった東京電力の事例に基づいて，電気事業のレートベース方式による総括原価の問題点を指摘した。

電気事業におけるレートベース方式による総括原価は，電気の供給に必要な費用および電力設備の建設・維持に必要な資金調達コストを保障することにより，旧一般電気事業者に電気の安定供給を可能にさせるという役割を担っていた。一方で，旧一般電気事業者は従来，地域独占の立場にあり，レートベース方式による総括原価によって電気の供給に必要な費用が保障されることから，総原価の構成要素である営業費を削減しようという意識は希薄であったといえる。そのため，東京電力では届出時の営業費が実績の営業費よりも大きく見積もられることになり，その営業費の中には手厚い福利厚生費も含まれることとなった。また，料金値下げ届出制により，料金の値下げ時には経済産業省による審査手続きが行われないため，東京電力の総原価は10年以上にわたって審査が行われない状況にあった。

このように，電気事業におけるレートベース方式による総括原価は，営業費削減のインセンティブが働かず，営業費に算入する費用はお手盛りとなる可能性がある。また，規制当局や利用者は，旧一般電気事業者によって算定される営業費を把握することができないため，電気事業におけるレートベース方式による総括原価はブラックボックス化していたといえよう。さらに，電気事業におけるレートベース方式による総括原価は，報酬率の算定に際して計算構造上の問題を抱えており，旧一般電気事業者に過大な事業報酬をもたらしている。

こうした様々な問題点を抱える電気事業のレートベース方式による総括原価は，2020年以降に撤廃される予定である（資源エネルギー庁［2015］1頁）。レートベース方式による総括原価の撤廃により，旧一般電気事業者による規制料金はなくなり，より一層の料金低廉化が期待される。しかしその一方で，レートベース方式による総括原価の撤廃により資金調達コストが保障されなくなるため，旧一般電気事業者が設備投資を控え，将来の電気の安定供給が脅かされる危険も懸念される。また，本章では触れていないが，東日本大震災以降，総原価の中には福島第一原発事故に対する損害賠償，廃炉に係る費用が算入されることになったが[21]，レートベース方式による総括原価の撤廃により，旧一般電気事業者がこれらの費用をどのように回収していくのかについても考える必要があろう[22]。

注

1 旧一般電気事業者とは，2016年の電力小売全面自由化まで発電・送配電・小売を一貫的に行ってきた地域独占の電気事業者をいう。北海道電力，東北電力，東京電力，中部電力，北陸電力，関西電力，中国電力，四国電力，九州電力，沖縄電力の10事業者がこれに該当する。

2 東京電力は2016年4月にホールディングカンパニー制に移行した。本章では，2016年4月以前の記述については東京電力を，2016年4月以降の記述については東京電力ホールディングスを用いる。

3 費用積上げ方式による総括原価は，営業費に他人資本利子，自己資本利潤をそれぞれ積み上げて総括原価を算定する料金設定方式である。

4 ヤードスティック査定とは，「電源の設備形成」，「電源以外の設備形成」，「一般経費」の3分野について，旧一般電気事業者間の効率化の度合いを比較し，査定率に差をつける手法である。

5 燃料費調整制度により，原油，液化天然ガス，石炭といった輸入燃料価格の変動分が毎月の電気料金に反映されることとなった。具体的には，過去3ヶ月分の平均燃料価格が2ヶ月後の電気料金に反映される仕組みとなっている。

6 他方，料金値下げ届出制の導入により，旧一般電気事業者は経営効率化努力分を料金の値下げに回すか内部留保とするかを自主的に判断することが可能となった。この結果，旧一般電気事業者の財務体質は強化されることとなった（資源エネルギー庁［2011］7頁）。

7 再生可能エネルギー固定価格買取制度による旧一般電気事業者の買い取り費用は，再生可能エネルギー発電促進賦課金として利用者が負担している。

8 2018年2月時点において，旧一般電気事業者から新規参入の電力小売事業者へ切り替えた割合は，約9.5%となっている（資源エネルギー庁［2018］2頁）。

9 託送とは，送配電事業者が自社の送配電線を使用し，発電所から各利用者に電気を送ることをいう。また，送電線を所有しない事業者が電気を供給する場合，送配電事業者の送電線を利用することになるが，その送電線使用料のことを託送料金という。

10 電気事業では，自由化部門の収支が赤字となっていないかを確認するため，規制部門と自由化部門の収支を算定する部門別収支が1999年に導入され，2003年には法律上の義務として規定された。

11 自由化部門の対象となる工場では，発電した電力を高圧のまま送電できる一方，規制部門の対象となる一般家庭，商店では電圧を下げるための変電所，配電用変電所，柱上変圧器，送電線などの設備が必要となる（山谷編［1992］134頁）。これらの設備に関わるコストがかかるため，規制部門の小売料金は割高になるといわれるが，そのコスト以上に料金差があると考えられる。

12 図表2-4に示される原子力バックエンド費用の各営業費項目が営業費に算入された経緯については，谷江［2015］，金森［2016］を参照されたい。

13 β値とは，株式市場の株価平均が1%上昇する際の当該株式の平均上昇率のことであり，旧一般電気事業者の事業経営リスクを表す。

14 これは，アバーチ＝ジョンソン効果とよばれ，レートベース方式による総括原価の問題点の１つとして指摘されている（Averch and Johnson［1962］p.1053）。

15 原発の建設には，1基当たり4,000億円程度の建設費用が必要とされる（大島［2016］22頁）。

16 核燃料サイクルの破綻については，舘野［2016］を参照されたい。

17 東京電力の2012年の本格改定では，厚生費以外にも広告宣伝費，オール電化関連費用などの普及開発関係費，自治体や地域社会の活動に対する寄付金，様々な諸会費，電気事業連合会への拠出金などの諸費が総原価から除外されることとなった（東京電力株式会社［2012c］26-27頁）。

18 東京電力のカフェテリアプランは，「余暇，レジャー」，「育児，教育，介護」，「医療サービス」，「自己啓発」，「冠婚葬祭」など多岐にわたるメニューの中から従業員が自己のニーズに応じて福利厚生サービスを受けることができる。

19 東京電力病院はその後，東京建物に売却された（『日本経済新聞』［2014］1頁）。

20 2017年度の東京電力ホールディングスの単体における自己資本比率は21.4％であり，2011年度と比較して上昇しているものの，未だ自己資本比率30％の仮定までは開きがある。

21 これについては，髙野［2015］を参照されたい。

22 福島第一原発事故に対する損害賠償，廃炉費用の新たな負担方法の可能性については，髙野［2017］を参照されたい。また，レートベース方式による総括原価の撤廃以降，福島第一原発事故に対する損害賠償，廃炉費用を託送料金によって負担することが経済産業省から提示されており，これについては髙野［2018］で検討している。

参考文献

Averch, H. and L.L. Johnson［1962］"Behavior of the Firm under Regulatory Constraint," *American Economic Review*.

エネルギーフォーラム［2011］「電気料金　総括原価方式の『功罪』を検証する！」『エネルギーフォーラム』12月号。

遠藤孝・近藤禎夫・高山朋子・根津文夫［2000］『会計学〔改訂版〕』森山書店。

大島堅一［2013］『原発はやっぱり割に合わない』東洋経済新報社。

大島堅一［2016］「電力システム改革と原子力延命策」『経済』8月号。

大西正一郎［2011］「料金制度あるいはその運用の妥当性の検証と改善策（『東京電力に関する経営・財務調査委員会』で指摘された論点について）」。

金森絵里［2016］『原子力発電と会計制度』中央経済社。

経済産業省［2013］『消費者庁からの意見への対応について』。

資源エネルギー庁［2011］「電気料金制度の経緯と現状について」。

資源エネルギー庁［2012］「御質問事項への回答」。

資源エネルギー庁［2015］「電力システム改革について」。

資源エネルギー庁［2018］「電力小売全面自由化の進捗状況」。

総合資源エネルギー調査会総合部会［2012］「第2回　電気料金審査専門委員会議事次第」。
髙野学［2015］「東日本大震災以降の電気事業における総括原価方式の役割」『産業経理』第75巻第1号。
髙野学［2017］「電気事業における損害賠償・廃炉費用の新たな負担方法の可能性」『会計理論学会年報』第31号。
髙野学［2018］「原子力事業者に係る損害賠償・廃炉費用と託送料金」『商学研究』第34号。
館野淳［2016］「破たんする核燃料サイクル」『経済』8月号。
谷江武士［2015］「電力会社の廃炉会計と電気料金」『名城論叢』第15巻特別号。
電気事業講座編集委員会編［2008］『電気事業講座第6巻　電気料金』エネルギーフォーラム。
電気料金制度・運用の見直しに係る有識者会議［2012］「電気料金制度・運用の見直しに係る有識者会議報告書」。
電力取引監視等委員会［2015］「託送供給等約款認可申請に係る査定方針」。
東京電力株式会社［2012a］「事業報酬」。
東京電力株式会社［2012b］「これまでの質問等への回答について」。
東京電力株式会社［2012c］「認可料金の概要について」。
東京電力に関する経営・財務調査委員会［2011］「委員会報告」。
中川哲郎［1952］「電気事業における適正報酬の問題」『公益事業研究』第4巻第1号。
『日本経済新聞』［2014］朝刊，1月24日，1頁。
前田重朗［1962］「公正報酬原則の性格—電気事業料金の改訂の意味—」『商学論纂』中央大学経済・商業学会，第3巻第2号。
山谷修作編［1992］『現代日本の公共料金』電力新報社。
労務研究所［2011］「カフェテリアプランの配分額，メニューと利用実績」『旬刊　福利厚生』3月8日号。

（髙野　学）

第3章

廃炉の会計

1. はじめに

原発の廃炉費用をめぐる主な会計問題である原子力発電施設の解体コストは，原子力発電施設解体引当金として積み立てることが電力企業に義務付けられてきたが，現在，原子力発電施設解体引当金は，新たな会計基準として設定された資産除去債務に引き継がれている。

そして福島原発事故後，廃炉に関する費用については，原発の長期停止や廃炉の実態，原発をとりまく環境が大きく変化したとして，廃炉に係る料金・会計制度の見直しの検討が行われた。その結果，2013年10月に「電気事業会計規則等の一部を改正する省令（経済産業省第52号）」が施行され，廃炉にかかわる会計基準が大きく変更されることとなった。この改正はそれまでの制度から大きく変更するというだけでなく，通常の会計処理からかけ離れたものとなっている。

原子力発電施設の解体コストとして計上される金額は，個別の原子力発電所の廃炉費用額や廃炉プロセスについての説明がないため，あくまでも廃止措置についての総額でしかない。個別の原子力発電所が，安全に解体されるまでにはどのくらいの費用と期間が費やされるのかについて明らかにされる必要がある。電力企業にとって原子力に関わるバックエンド費用は極めて重要であるにもかかわらず，明らかに情報が欠如している。この点については，改正後の制度においても改善されていない。このように，原子力発電施設の解体コストについては，多くの問題が孕んでいるのである。

このような視点から本章では，廃炉費用に関する制度の状況と問題について原子力発電施設解体引当金を中心に，引当金・資産除去債務の会計処理と電力企業の有価証券報告書から検討する。

2. 廃炉の費用と会計制度

(1) 原子力発電の廃炉と費用

原子力発電を廃止する場合は，「核原料物質，核燃料物質及び原子炉の規制に関する法律」(1957年法律第166号) 第43条の3の33に基づき，発電用原子炉施設の解体，保有する核燃料物質の譲渡，核燃料物質による汚染の除去等，核燃料物質によって汚染された物の廃棄等，原子力規制委員会規則で定められた措置を講じることとされている。この措置を廃止措置という。また原子炉については，廃炉措置ともいう。

廃止措置の標準的な工程は，BWR (沸騰水型原子炉) の場合，①使用済み燃料の搬出，②系統除染，③安全貯蔵，④解体撤去 (内部)，⑤解体撤去 (建屋) の手順で行われる。①は，核燃料を再処理工場や貯蔵施設に搬出するものであり，②は，施設の配管・容器内に残存する放射性物質を化学薬品等を使用して除去するものである。また，③は，施設を必要に応じた期間，安全に貯蔵し，放射能の減衰をまつものであり，5～10年かかる。④は，建物内部の配管・容器等を解体撤去し，そして，⑤で建屋の解体撤去を行う。この措置は，完了までに30年程度かかるとされている。

1985年7月の総合エネルギー調査会原子力部会報告「商業用原子力発電施設の廃止措置のあり方について」によると，廃炉に関する費用については，110万kW級の原子力発電施設で安全貯蔵期間が5年の場合，約300億円 (1984年度価格) かかると試算されていた。しかしこの試算は，廃炉の事業も含めて核燃料サイクルが完結されるとされているが，いまだ具体化されておらず，具体的な根拠に基づいた数値とはいえるものではない (角瀬・谷江 [1990] 94-95頁)。

さらに，2013年の総合資源エネルギー調査会電気料金審査専門委員会に設置

図表 3-1　原子力発電所と火力発電所の廃止の比較

	原子力発電所	火力発電所等
解体撤去への着手時期	安全貯蔵期間の後	運転終了後，直ちに着手可能
廃止措置の期間	20～30年程度	1～2年程度
廃止措置の費用	小型炉（50万kW級）： 360～490億円程度 中型炉（80万kW級）： 440～620億円程度 大型炉（110万kW級）： 570～770億円程度	～30億円程度（50万kW級以下）
廃止に必要な費用の扱い	原子力発電施設解体引当金省令に基づき，見込み運転期間に安全貯蔵予定期間を加えた期間にわたり，定額法で引当を行い，料金回収。	固定資産除却費として廃止の際に当期費用計上し，料金回収。

出所：総合資源エネルギー調査会 電気料金審査専門委員会 廃炉に係る会計制度検証ワーキンググループ（第１回）資料５，資源エネルギー庁「原子力発電所の廃止措置を巡る会計制度の課題と論点」2013年６月，７頁に筆者加筆修正。

された「廃炉に係る会計制度検証ワーキンググループ」では，廃止措置の費用については，小型炉（50万kW級）は，360～490億円程度，中型炉（80万kW級）は，440～620億円程度，大型炉（110万kW級）は，570～770億円程度であるとされ，見積額はさらに多額になっている。原子力発電の廃止措置は，火力発電と比較して，期間は長期にわたり，かつ，費用は桁違いの金額なのである（**図表3-1**参照）。

（2）原子力発電施設解体引当金制度の経緯

ここでは，廃炉の費用が，会計上，原子力発電施設解体引当金として取り扱われることとなった経緯を概観する。

廃炉における会計の取り扱いについては，1980年代後半から議論が行われた。先に述べた1985年の総合エネルギー調査会原子力部会報告，1987年の電気事業審議会料金制度部会報告の提言を受け，廃炉の費用を引当計上することを電力会社に認め，その費用を料金原価に参入することが検討された。そして1989年3月期から，原子炉等廃止措置引当金として引当計上が開始された。東京電力では，1989年3月期から初めて285億円の原子炉等廃止措置引当金が計上され，1990年3月期には563億円に達しているが，こうした処理は，電力会社にとっては，できるだけ早く廃炉費用を計上して料金原価に参入し，他方，廃炉引当金設定によって減税することで，さらに内部資金を厚くするという指摘もなされていた（角瀬・谷江［1990］94-95頁）。

また，1999年からは，原子力発電の解体に伴い発生する放射性廃棄物の処理・処分に要する費用について積み立てることが検討され，1999年8月の電気事業審議会料金制度部会報告の提言を受け，2000年3月に原子力発電施設解体引当金に追加されることとなった。既に原子力発電施設解体費用としては，原子力発電施設解体引当金が制度化されていたが，1987年の電気事業審議会料金制度部会報告では，解体放射性廃棄物の処理・処分方法に関しては，不確定な要素が多く，将来の費用を合理的に見積もることは困難との理由から費用から除外されていた。

さらに，2005年には，新たにクリアランス制度（原子力発電所の運転・解体に伴って発生する放射性廃棄物のうち，放射性物質の放射能濃度が極めて低く，人の健康への影響がほとんどないものは，普通の廃棄物と同様に再利用や処分を行うことができるようにする制度）や廃止措置に関する安全規制が整備されたことなどを踏まえ，総合資源エネルギー調査会電気事業分科会の下に設置された原子発電投資環境整備小委員会にて廃止措置費用の過不足の検証が行われ，2008年に見積り範囲が見直されることとなった。同委員会報告書によれば，廃止措置費用の過不足額の算定結果は，110万kW級のBWR（沸騰水型原子炉）は，94億円，110万kW級のPWR（加圧水型原子炉）は，53億円が不足であるとした。また全プラント合計では，3,290億円が不足であると算出した。

こうした経緯の中で，廃炉の費用は，原子力発電施設解体引当金として費用化する対象範囲と見積り範囲の見直しが行われ，会計制度の整備が図られ，同時に料金原価への参入，電気料金への転嫁が可能となってきたのである。

東京電力の2008年度有価証券報告書では，原子力発電施設解体引当金について次のように記載されていた。当時は，原子力発電施設の解体に要する将来の費用は，原子力発電所一基毎の発電実績に応じて積立額が算出されていた（生産高比例法）。具体的には，原子力発電所の運転開始から停止に至るまでに生み出す想定総発電電力量に対する実際の累積発電電力量に応じて積立てを行うこととなっていた[1]。

【原子力発電施設解体引当金】

原子力発電施設の解体に要する費用に充てるため，解体費の総見積額を基準とする額を原子力の発電実績に応じて計上する方法によっている。なお，「核原料物質，核燃料物質及び原子炉の規制に関する法律」の一部が改正（平成17年法律第44号）され，総見積額の算定の前提となる放射性廃棄物のクリアランスレベルが変更されたことなどによる追加費用の発生を受け，プラント毎の総見積額を合理的に算定する計算方法に関して平成20年3月に「原子力発電施設解体引当金に関する省令」が改正（平成20年経済産業省令第20号）されたことから，当連結会計年度の総見積額は改正後の省令に基づき算定している。よって，当連結会計年度の原子力発電施設解体引当金は従来の方法によった場合に比べ，64,453百万円増加している。このうち，見積りの変更による過年度の発電実績に応じた金額62,541百万円は一括して特別損失に計上している。以上の結果，営業利益，経常利益が1,912百万円減少し，税金等調整前当期純損失が64,453百万円増加している。

原子炉は，その運転を停止しても，放射性物質により汚染されている状態のため，その解体・廃棄には特別な配慮が必要となる。その解体費用と解体期間は，長期にわたり，日本において解体作業を実施した数はまだ少ない。

日本では，今のところ原子力発電施設の解体が完了した例はなく[2]，ごく一部で解体が進められているに過ぎない。日本原子力発電東海発電所は，1998年に約32年の運転が終了し，2001年に使用済み燃料の取出しが完了した。日本原子力発電は，東海原発を廃炉と決定した当時，東海原発を含む4基の原発の廃炉費用として690億円を引き当てていた（『日本経済新聞』1996年6月23日）。この廃炉作業は今現在も続いており，廃炉費用は，885億円，このうち解体費が347億円，残りの538億円が廃棄物の処理処分費という（『日本経済新聞』2009年

3月8日)。廃炉費用と廃炉プロセスについて正確な見積りができていなかったことは明らかである。東海原発の解体だけで既に885億円の費用がかかり，現在も作業が続き今後さらに費用が増加する可能性も否定できないだろう。

原子力発電所の廃炉に関わる費用は，原発の大きさや形態によって一様ではない。先にあげた東海原発の出力は，16.6万kWである。現在，日本では，100万kW級の原発が稼働しているがその正確な廃炉費用は廃炉作業に入らなければわからないのである。このようにいずれ確実に発生する費用である原子力発電施設の解体コストは切実な問題なのである[3]。しかし東京電力の有価証券報告書からもわかる通り，原子力発電施設解体引当金の金額は，これまで引き当てられてきた総額の表示でしかなく，引き当てられるべき金額や個別の原子力発電所についての費用は不明である。

このような中で，新たに資産除去債務に関する会計基準が設定された。原子力発電施設は，核原料物質，核燃料物質および原子炉の規制に関する法律において，除去する際に講ずるべき措置が義務付けられている。当該義務は，除去に関しての法令上の義務に準ずるものとして，同会計基準の適用対象となる。したがって原子力発電施設解体引当金は，2010年4月以降開始する事業年度より資産除去債務の一部として処理されている。資産除去債務の会計処理については，次節で見ていく。

3. 原子力解体引当金と資産除去債務

(1) 資産除去債務に関する会計基準と電力企業

引当金概念の拡大とともに電力企業では，原子力にかかわる引当金が引き当てられてきたが，資産除去債務に関する会計基準が新たに設定されたことにより，2010年4月以降開始する事業年度から「原子力発電施設解体引当金」は，「資産除去債務」として会計処理されることとなった。

まず，新たな会計処理方法として登場した資産除去債務の会計処理の特徴をまとめておく。①資産除去債務の発生時に将来の除去費用として，資産・負債の両建て処理を行い，資産と負債を貸借対照表に計上する。そして②資産除去債務に関連する有形固定資産の帳簿価額の増加額として資産計上された金額は，減価償却を通じて，各期間に費用配分される。また③資産除去債務は割引後の金額であるため，利息費用を計上する。このような会計処理により，有形固定資産の取得時に除去債務の情報が貸借対照表に表示される。資産除去債務の基準は，貸借対照表の観点から，会計処理方法を改訂しているのである。

それでは，電力企業への具体的な影響を見ていく。電力10社の2010年4～6月期の連結決算によると東京電力など5社が最終赤字となり，黒字を確保した5社も4社が減益となった。その理由は，景気回復や4月の気温低下などで販売電力量は増えたが，原油高による燃料費増加が重荷となり，また資産除去債務の導入に伴う特別損失の計上も響いたという（『日本経済新聞』2010年7月31日）。会計基準の適用に伴い，各社とも将来見込まれる原子力発電所の解体費用の積み増し分を特別損失に計上することとなる。その計上額は，東電が571億円，関西電力が371億円，中部電力が86億円である。

東京電力の2010年度の有価証券報告書において，原子力発電施設の解体費用の計上方法については，有価証券報告書の注記（連結）において「原子力発電施設解体費の計上方法」の項に記載されている。その計算方法は以下の通りである。

> 「核原料物質，核燃料物質及び原子炉の規制に関する法律」（昭和32年6月10日　法律第166号）に規定された特定原子力発電施設の廃止措置について，「資産除去債務に関する会計基準の適用指針」（企業会計基準適用指針第21号　平成20年3月31日）第8項を適用し，「原子力発電施設解体引当金に関する省令」（経済産業省）の規定に基づき，原子力発電施設解体費の総見積額を発電設備の見込運転期間にわたり，原子力の発電実績に応じて費用計上する方法によっている。また，総見積額の現価相当額を資産除去債務に計上している。
>
> なお，被災した福島第一原子力発電所1～4号機については，平成23年5月20日開催の取締役会においてその廃止を決定したため，当連結会計年度において，原子力発電施設解体費の総見積額と原子力の発電実績に応じて計上した累計額との差額については，災害特別損失に計上している。

（追加情報）
• 福島第一原子力発電所１～４号機の解体費用の見積り
被災状況の全容の把握が困難であることから今後変動する可能性があるものの，現時点の合理的な見積りが可能な範囲における概算額を計上している。

図表3-2は，電力企業9社の2001～2016年の16年間の原子力発電施設解体引当金と資産除去債務の金額を表にしたものである。2001～2009年までの金額は，原子力発電施設解体引当金の総額である。資産除去債務が，原子力発電施設解体引当金の金額がそのまま引き継がれていることから，2010年以降の金額には，資産除去債務の金額を表示している。2001年に8,310億円だった原子力発電施設引当金は，2009年には，1兆3,248億円と約1.6倍となった。最も引当金が計上されているのは，東京電力の5,100億円である。2010年には，資産除去債務に引き継がれたが，その総額は，2兆円に達している。

資産除去債務の会計処理は，負債側にその除去費用にかかわる資産除去債務が計上される資産・負債両建て方式の会計処理である。この資産・負債両建て方式について醍醐［2008］は，「この方式が費用性（初めに費用ありき）の観点から負債を捉える会計思考とは異質な思考を基礎にしていることを物語っている。むしろ，資産・負債両建て方式は費用認識の鏡像（反射）として負債を捉えるのではなく，回避することがほとんど不可能な将来の経済的犠牲を直接に負債として認識する会計思考を基礎にしていると考えられる」（醍醐［2008］228頁）としている。

この会計処理方法によれば，理論上は，原子力発電施設解体のコストの全額が負債側に計上されているはずである。ところが，前節でみた東海原発の廃炉費用が885億円であることと，現在日本にある原子力発電所が54基であることから，その廃炉費用を単純に算出しても4兆円を超える規模になる。「使用期間の長い有形固定資産の取得時点において，将来の解体・撤去の当初見積額を測定することは人智を超える見積もりであると言わざるを得ない（菊谷［2007］38頁）」と見積額算定の困難性が指摘されるように，2010年時点の除去債務額が2兆円という額といえども，その見積り額は，過少である可能性があるだろう。

図表 3-2　原子力発電施設解体引当金と資産除去債務（電力９社）

（単位：百万円）

年度	2001 (平成13)	2002 (平成14)	2003 (平成15)	2004 (平成16)	2005 (平成17)	2006 (平成18)	2007 (平成19)	2008 (平成20)
北海道電力	24,703	26,842	27,160	28,692	31,283	33,462	39,362	41,266
東北電力	25,579	28,898	30,316	32,744	36,151	38,426	49,007	53,320
北陸電力	9,601	10,819	10,819	11,507	13,457	14,713	16,937	19,062
東京電力	334,240	349,911	351,580	355,143	376,448	393,013	475,170	491,415
中部電力	77,753	79,752	80,000	82,638	89,093	92,020	113,069	117,929
関西電力	213,043	225,402	226,603	233,122	249,754	260,406	298,914	312,675
四国電力	48,898	51,971	52,487	54,257	58,305	61,298	71,424	75,246
九州電力	97,207	103,863	105,497	110,505	119,626	126,172	147,529	155,838
合計	831,024	877,458	884,462	908,608	974,117	1,019,510	1,211,412	1,266,751

年度	2009 (平成21)	2010 (平成22)	2011 (平成23)	2012 (平成24)	2013 (平成25)	2014 (平成26)	2015 (平成27)	2016 (平成28)
北海道電力	44,308	77,636	79,439	82,407	71,343	73,578	75,926	77,773
東北電力	58,171	125,441	128,419	133,031	106,476	111,465	118,233	119,410
北陸電力	21,580	63,881	65,423	67,654	54,024	56,537	59,153	60,341
東京電力	510,010	791,880	803,299	826,577	714,261	741,190	770,992	773,600
中部電力	119,858	218,601	219,178	221,288	191,255	194,086	198,907	206,812
関西電力	326,670	427,284	437,311	452,200	402,803	414,425	426,449	436,483
四国電力	79,305	98,329	100,843	103,879	96,296	98,465	100,892	102,491
九州電力	164,931	207,855	211,989	221,025	202,989	207,437	213,006	217,278
合計	1,324,833	2,010,907	2,045,901	2,108,061	1,839,447	1,897,183	1,963,558	1,994,188

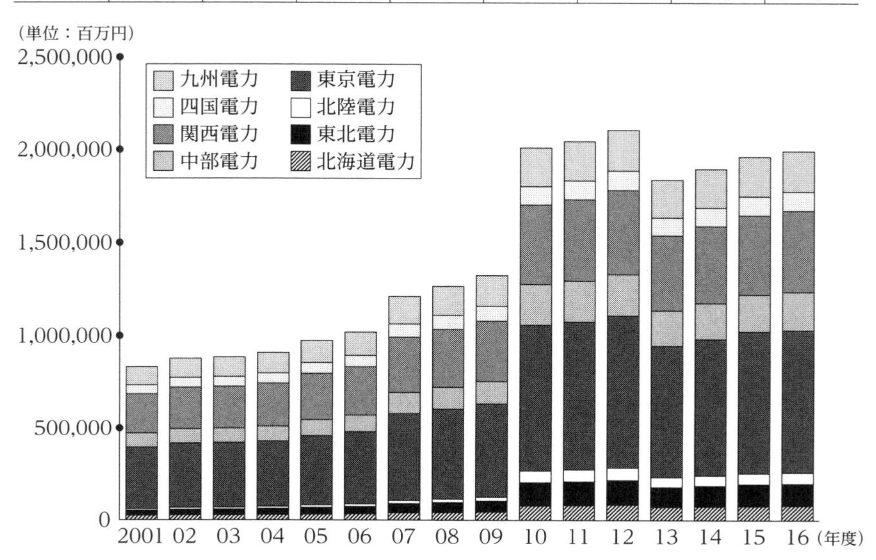

出所：有価証券報告書から筆者作成。

また前節で指摘したが，原子力発電施設解体引当金の金額は，これまで引き当てられてきた総額の表示でしかなく，引き当てられるべき金額や個別の原子力発電所についての費用は不明であった。一方，資産除去債務の金額は，除去費用額を有形固定資産の取得時に負債側に計上するという意味では，会計情報量の増大として捉えることができる面もあるが，原子力発電施設解体引当金と同様に，資産除去債務の会計処理もまた原子力発電施設解体コストについての正確な金額はいくらであるのか，個別の原子力発電所についての費用はいくらであるのかという表示をするものではない。このことは，どちらの会計処理方法が有効で，より優れているかという性質のものではなく，現状において原子力発電施設解体コストについて必要な情報が明らかに欠如していることを示しているといえよう。

(2) 引当金処理方式と資産除去債務方式

廃炉費用をめぐる会計問題として，原子力発電施設解体引当金問題を中心に引当金会計処理と資産除去債務の会計処理の観点から検討してきた。

資産除去債務における資産・負債両建て方式は，有形固定資産の取得原価に除去費用が含まれ，相手勘定として除去費用が負債側に計上されることにより，除去費用が把握できるという点では，引当金処理との関係で考えると，資産除去債務による会計処理は，ある程度有効であると考えられる。一方，引当金処理方法について見ると，有形固定資産に対応する除去費用が，当該有形固定資産の使用に応じて各期に適切な形で費用配分されるという点では，資産負債の両建て処理と同様の処理とも考えられる。この2つの方式は，「いずれの会計処理であっても費用計上の総額の観点から見れば，（中略）損益計算書への影響は限定的である。資産除去サービスに係る減価償却費の金額と資産除去引当金繰入の金額がほぼ等しいならば，当該期間の損益計算には乖離は少ない（菊谷［2007］38頁）」のである。

したがって双方の会計処理は，あくまでも解体についての総額を表示しているに過ぎず，個別の原子力発電所の廃炉費用額や廃炉プロセスについての説明はないのである。電力企業にとって原子力に関わるバックエンド費用は極めて重要であり，個別の原子力発電所が，安全に解体されるまでにはどのくらいの費用と期間が費やされるのか，さらには再処理費用を含めた情報が明らかにされる必要がある。原子力発電施設解体コストは，個別の原発についての廃炉プロセスと廃炉完了までの費用と期間についての情報が明らかにされるべきである。こうした個別の費用が明らかになって初めて，原子力発電施設解体コストの総額が算出されるはずなのである。

このことは，原子力発電施設解体コストを表示するには，どのような会計処理方法が有効で，より優れているかという性質のものではない。原子力発電施設解体コストやバックエンド費用についての情報が明らかに欠如し，情報を知るべき人が知りえないことにこの問題の根本がある。

4. 福島原発事故以後の廃炉費用に関する制度の改正

廃炉費用は，福島原発事故以前は前述した通り，原子力発電施設解体引当金（資産除去債務）として発電期間中に積み立てられ，この積立額が廃炉作業に必要な費用としてあてられるものであった。しかし，2013年10月1日に「電気事業会計規則等の一部を改正する省令（経済産業省第52号）」が施行されたことにより，「電気事業会計規則の一部改正（第1条関係）」と「原子力発電施設解体引当金に関する省令の一部改正（第2条関係）」がこれまでの制度から大きく変更されるに至った。

この改正は，これまでの制度から大きく変更するというだけでなく，通常の会計処理からかけ離れたものであり，事故炉の廃炉費用を電気料金に転嫁することを可能した制度である。以下では，2013年9月に発表された経済産業省の「原子力発電所の廃炉に係る料金・会計制度の検証結果と対応策」報告書（以下，報告書）に依拠して，具体的な経緯と制度について見ていく。

(1) 廃炉等に関するワーキンググループの設置と制度改正の経緯

原発事故後2012年11月，東電は「再生への経営方針」と題した2013／14年度の方針を公表した。その中で，廃炉の作業について東電は，「事故への償いと廃止措置を長期間にわたって継続的にやり抜くために，当社はあらゆる努力を傾注する。しかしながら，被災地の復興を円滑に進めていくために今後必要と見込まれる費用は，一企業のみの努力では到底対応しきれない規模となる可能性が高い」とし，「現行の賠償機構法の枠組みによる対応可能額を上回る巨額の財務リスクや廃炉費用の扱いについて，国による新たな支援の枠組みを早急に検討すること」を要請した。

また，2013年5月31日の衆院経済産業委員会で当時の茂木敏充経済産業相は，電力会社が原子力発電所を廃炉にした場合，廃炉に伴う特別損失を一括計上すると経営が悪化すること，また原発事故後に全国の原発が稼働を停止している状況も踏まえ，「今の会計制度は原発の事故が起きないという前提に立ってつくられた部分がある」と指摘し，「現行の会計制度が妥当なのか見直しも含めて早急な検討をしたい」と述べた（『日本経済新聞』2013年5月13日）。

つまり，この改正の趣旨は，東電救済策であり，電力会社の損失を緩和するための改正なのである。このような背景の下，経済産業省に「廃炉に係る会計制度検証ワーキンググループ（以下，ワーキンググループ）が設置されるに至ったが，ワーキンググループの設置から省令改正の経緯を時系列にすると以下の通りである。検討会は，実質3回開かれ，3ヶ月ほどで報告書がまとめられ，省令が改正された。このように極めて早い動きであることがわかる。

そして2013年10月1日「電気事業会計規則等の一部を改正する省令（経済産業省第52号）」が施行され，原子力発電施設解体引当金制度については，「原子力発電施設解体引当金に関する省令の一部改正（第2条関係）」が，減価償却制度については，「電気事業会計規則の一部改正（第1条関係）」改正された。

- 2013年6月25日　第1回廃炉に係る会計制度検証ワーキンググループ

• 2013年7月23日　第1回廃炉に係る会計制度検証ワーキンググループ[4]

• 2013年8月6日　第2回廃炉に係る会計制度検証ワーキンググループ「原子力発電所の廃炉に係る料金・会計制度の検証結果と対応（案）」

• 2013年8月10日～9月10日　パブリックコメントの実施

• 2013年9月30日　「原子力発電所の廃炉に係る料金・会計制度の検証結果と対応策」公表

• 2013年10月1日　「電気事業会計規則等の一部を改正する省令（経済産業省第52号）」施行

(2) 報告書の検証結果と会計処理方法の変更

ワーキンググループは，原子力発電所が運転終了後も一定期間にわたって放射性物質の安全管理が必要であることを踏まえ，廃炉に係る現行の料金・会計制度が，円滑かつ安全な廃止措置（廃炉）を行う上で適切なものとなっているかを検証し，必要に応じて見直しを行うことが目的であった（総合資源エネルギー調査会［2013］7-10頁）。会計制度の論点は，原子力発電設備の減価償却制度と原子力発電施設解体引当金制度の2点であった。

検証を通じて報告書では，発電と廃炉の関係については「長期にわたる廃止措置が着実に行われることが電気の供給を行うための大前提であり，運転終了となる原因如何にかかわらず，発電と廃炉は一体の事業と見ることができる」こと，電気料金との関係については「新たな規制等により，長期間の運転停止や想定外の早期運転終了に伴う（a）原子力発電設備の簿価の一括費用計上，（b）解体引当金の積立不足といった事態が生じ，本来的には電気料金で回収することが認められていた費用が実際には回収できなくなるという懸念や問題が生じている」との立場に立ち，上記2つの会計制度の見直しが適切であると結論付けている。会計制度の具体的な見直しの内容は，後述する。

そして「運転終了となる原因如何に関わらず，発電と廃炉は一体の事業と見ることができる」という点については，次のような意見があったという（総合資源エネルギー調査会［2013］8頁）（下線は，報告書のまま）。

- 廃炉が確実に行われると安心して見ていられるからこそ発電が行えるのであって，発電と廃炉を一体の事業と見るべき。
- 昨年の東電の料金審査において，福島第一原子力発電所1～4号機の廃炉について，安定化維持費用は料金に入れて，事業者自ら特損として処理したものは料金に入れずに，ある意味自主カット的な扱いだった。その際，廃炉の作業も電力会社の活動の一環として事業目的に適うものとして，電力の安定供給に資することと整理した。
- 廃止措置の期間も電気事業を継続するための期間と考えた場合，これも含めて事業の一環と捉えられるのではないか。原子力の特殊性についてどこまでコンセンサスを得られるのかというのが重要なポイント。
- 発電終了後，廃炉のための設備が必要で，場合によっては追加で設備を取得する必要があるという点は理解した。むしろ運転終了してすぐに減価償却が止まったということが不自然に思える。解体引当金についても同じ印象。

①　原子力発電設備の減価償却制度

報告書では，これまでの原子力発電設備の減価償却制度について「運転終了を機に，個々の設備の役割の有無にかかわらず減価償却を停止し，ユニット全体の残存簿価を一括費用計上することとしており，予期せぬ運転終了の場合には当該費用を料金改定時に原価算定期間中に生じる費用として見込むことができないため，料金原価に算入されてこなかった」と指摘し，「上記のような料金原価上の取扱い及び会計処理では，本来的には電気料金で回収することが認められていた費用が実際には回収できなくなる可能性がある。電気料金で回収できない多額の費用が発生した場合，円滑かつ安全な廃止措置に支障が生じるおそれがある」としている（総合資源エネルギー調査会［2013］6-7頁）。

つまり，新たな厳しい規制基準が導入されることによって，早期に運転終了となる原子力発電所があった場合，運転終了時に一定の未償却原価が残るため，その部分について電気料金で回収ができなくなり，廃炉作業に支障がでる可能性がある。原発事故以前のこのような制度では問題であるということである。

そこで「運転終了となる原因如何に関わらず，発電と廃炉は一体の事業と見ることができる」という大前提をおくことにより，発電が終了している廃炉作業期間中も廃止措置という設備投資が行われているものとして，発電していない原子力発電設備にその資産性を認め，減価償却を通じて料金の回収を行うことができるように見直したのである（総合資源エネルギー調査会［2013］9頁）（**図表3-3**）。

これを受けて「電気事業会計規則等の一部を改正する省令」の「別表第一 資産（1）固定資産」における「原子力発電設備」の備考欄に次の文言が新設された。

> 原子炉（原子力基本法（昭和三十年法律第百八十六号）第三条第四号に規定する原子炉をいう。以下同じ。）の廃止に必要な固定資産及び原子炉の運転を廃止した後も維持管理することが必要な固定資産を含む。

図表3-3　廃止措置中も電気事業の一環として事業の用に供される主な設備のイメージ（PWRの場合）

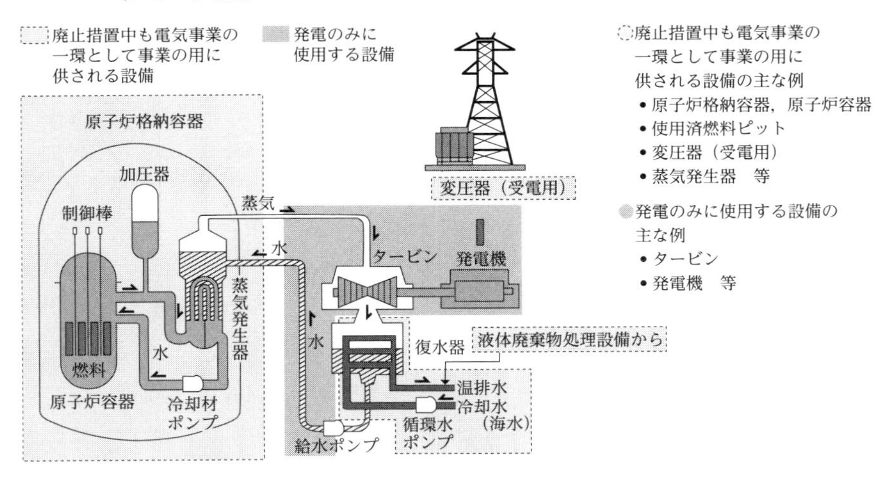

注　：廃止措置の工法やユニットごとの状況により，区分が異なる場合がある。
出所：総合資源エネルギー調査会／電力・ガス事業部会／電気料金審査専門小委員会／廃炉に係る会計制度検証ワーキンググループ［2013］「原子力発電所の廃炉に係る料金・会計制度の検証結果と対応策」5頁，<参考5>。

この文言の追加によって，原子力発電所は発電終了後も「原子力発電施設」（資産）に計上することができ，したがって減価償却を継続することが可能となった。本来，発電が終了しているのであれば，減価償却ではなく，減損処理を行うことが妥当な処理である。さらにいうと，既に発電を終了している設備を資産として認識することは，収益獲得能力のない資産を資産計上するということであり，極めて問題のある会計処理といえよう。

この点については，公認会計士協会もパブリックコメント「『原子力発電所の廃炉に係る料金・会計制度の検証結果と対応策（案)』に対する意見」で次のように意見を述べている。

廃止措置資産に係る減価償却の継続

（意見）生産を終了した設備については減価償却を継続せず，除却（減損）処理をすることが通常の会計処理と考える。廃止措置資産に係る減価償却を継続することは，我が国の原子力政策を遂行する上での電気料金による回収可能性を踏まえた特別な取扱いであると考えられるため，電気事業会計規則で明確に規定するとともに，財務諸表での情報開示の充実が望まれる。また，レートベースに含めないこととなった場合には，減損処理を検討すべき状況になるという理解でよいか，確認したい。

（理由）廃止措置資産に係る減価償却の継続は，我が国の原子力政策を遂行する上での電気事業者を対象とした特別な取扱いであると考えられるため，電気事業会計規則で規定するとともに，財務諸表における情報開示の充実が極めて重要であると考える。また，資産性の観点から確認するものである。

また福島第一原発の廃炉に向けて新たに取得した設備についても，その減価償却費を料金原価に含めることとしている（総合資源エネルギー調査会［2013］9頁）。報告書では，事故炉の「廃止措置」については，簡略化のため，原子炉等規制法に定める廃止措置のほか，当該廃止措置に先立って必要となる安定状態を維持する取組に加え使用済燃料プール内の燃料や燃料デブリの取出し等の作業も含めた総称としているが，「電気事業会計規則」において，廃止措置の設備の範囲は，規定されていない。廃炉に向けて新たに取得した設備を際限なく電気料金に転嫁できる枠組みである以上，その範囲を明確に定義する必要がある。

②　原子力発電施設解体引当金制度

改正前の原子力発電施設解体引当金制度は，前述した通り，発電実績に応じて引当金を積み立てる方式（生産高比例法）によって積立が義務付けられてきた。報告書では，まず原子力発電施設解体引当金の積立額不足について指摘している（総合資源エネルギー調査会［2013］6頁）。「東電福島第一原発事故以降，原子力発電所の長期にわたる稼働停止が続いており，生産高比例法の下では解体引当金の引き当てがほとんど進んでいない」こと，また「新規制基準の導入等を考慮すれば，平均的な設備利用率を確実に見通すことがより困難となり，生産高比例法の前提となる想定総発電電力量の設定が難しくなるおそれがある」ことが課題であるとした（総合資源エネルギー調査会［2013］6頁）。

そしてこの積立不足を解消するため，引当方法を生産高比例法から定額法とし，引当期間を運転期間40年から運転期間40年に安全貯蔵期間10年を加えた実質50年の引当期間が適切であると結論付けた。

また引当期間については，40年より早期に運転終了となれば，運転期間に10年間を加えることとし，一方，安全貯蔵期間が10年未満となれば，運転期間に安全貯蔵期間を加えることとしている（**図表3-4**）。

このように，原子力発電施設解体引当金制度については，引当額は生産高から定額法へと平準化され，廃炉後も引当てが可能となったのである。報告書では，引当金方法の変更について「原子力発電所の稼働状況にかかわらず着実に

図表3-4　引当期間のイメージ

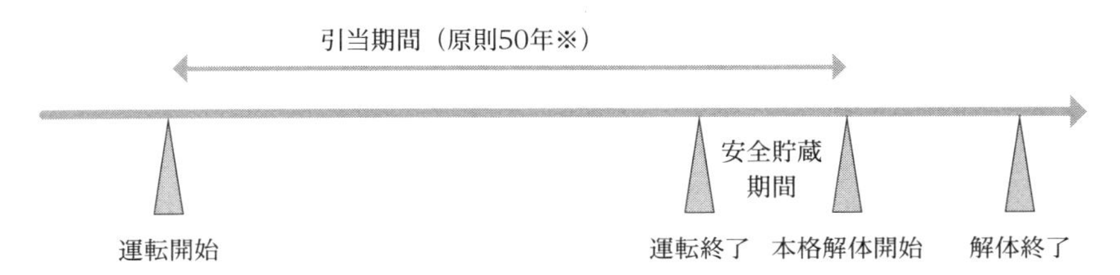

注　：40年より早期に運転終了となれば，運転期間＋10年間
　　　安全貯蔵期間が10年未満となれば，運転期間＋安全貯蔵期間

出所：総合資源エネルギー調査会／電力・ガス事業部会電気料金審査専門小委員会／廃炉に係る会計制度検証ワーキンググループ［2013］「原子力発電所の廃炉に係る料金・会計制度の検証結果と対応策」10頁，＜参考8＞。

解体引当金の引当を進め，また，一定の期間における各期の引当額を平準化する観点から，定額法とする」と記述しかなく，定額法を採用する根拠はなんら示されていない。パブリックコメントにおいて，公認会計士協会からも定額法が会計事象等をより適切に反映すると考えられる理由および変更時期の適時性について明示することが適切と考えるその根拠を明確にすべきとの意見が表明されている（公認会計士協会［2013］2頁）。

廃炉費用を電気料金として回収することは，これまでも実施してきたことであり，現状，原子力発電所がある限り，廃炉費用が発生することは当然のことである。一方，今回の改正は，事故炉も含め想定していたよりも早期に運転終了となった原子力発電所の減損処理を行った場合，予測していたよりも多額の費用が発生し，ゆえに電気料金で回収できず，そのような事態は「円滑かつ安全な廃止措置」に支障をきたすためという論理である。

しかし，そもそも廃炉を円滑で安全に実施することと会計処理は全くの別問題である。予測していたよりも早期に運転終了となった場合のリスクとコストは，本来，電力会社が追うべき負担であり，消費者に負担させるべき費用ではない。その意味でも今回の会計処理の変更は，会計処理の視点からも電力会社の責任という視点からも重大な問題である。財務諸表における廃炉費用の情報開示の充実が必要である。

5. おわりに：今後の動向

廃炉の費用をめぐる会計処理の改正は，2013年10月改正に続き，2015年3月にも行われている。この改正によって，電気事業会計規則において，新たに「原子力廃止関連仮勘定」という新勘定が創設されることとなった。この改正により，廃炉の判断に伴い一括費用計上する必要のあるものを廃炉の判断後も原子力廃止関連仮勘定という新たな勘定を設置することにより，新勘定に設備の簿価等を移し替えて資産計上し，10年間で均等償却・費用化することが可能となった。また，会計制度とともに料金面の手立てとして，償却額を料金原価に参入され電気料金として回収される。

こうした改正の背景には，2016年7月時点で，運転期間40年が経過する7基（敦賀1号機，美浜1・2号機，高浜1・2号機，島根1号機，玄海1号機）の原発について，運転延長か廃炉かの判断が迫られていた事情がある。仮に廃炉となった場合，1基当たり210億円程度の費用が一括して発生すると試算され，原子力事業者は，こうした事情から廃炉を先送りにするか，または，一括費用計上によって財務状況が悪化し，廃炉が遂行できなくなる可能性もあり，「政策措置」が必要であるとし，新勘定が計上されることとなったのである[5]。

また，料金回収という点では，電力自由化が進み，「競争が進展する中においても総括原価方式の料金規制が残る送配電部門の料金（託送料金）の仕組みを利用し，費用回収が可能な制度とする（総合資源エネルギー調査会［2015］10頁）」ことが「将来の扱い」として考えられていた。そして，2016年9月に設置された総合資源エネルギー調査会の基本政策分科会電力システム改革貫徹のための政策小委員会において，検討がはじまっており，2016年内に中間まとめが取りまとめられることとなっている。

原発事故後に制度が改正されたことにより，原子力発電所の発電終了後も資産計上することが可能となり，減価償却を継続することが可能となった。本来，発電が終了しているのであれば，減価償却ではなく，減損処理を行うことが妥当な処理である。予測していたよりも早期に運転終了となった場合のリスクとコストは，本来，電力会社が追うべき負担であり，消費者に負担させるべき費用ではない。2013年，2015年と立て続けに行われた会計処理の変更は，会計処理の視点からも電力会社の責任という視点からも重大な問題である。原子力発電施設解体引当金の金額は，原発事故以前も以後も，個別の原子力発電所の廃炉費用額や廃炉プロセスについての説明はないため，あくまでも廃止措置についての総額が示されているに過ぎない。個別の原子力発電所が，安全に解体されるまでにはどのくらいの費用と期間が費やされるのかについて明らかにされる必要がある。財務諸表における廃炉費用の情報開示の充実が必要である。今後の動向を注視したい。

注

1 算式は次の通り。

$$\text{原子力発電施設解体引当金} = \text{総見積額} \times \frac{\text{累積発電電力量}}{\text{想定総発電電力量}} - \text{前年度までの積立額}$$

（総見積額＝特定原子力発電施設ごとの解体に要する全費用の見積額，累積発電電力量＝特定原子力発電施設ごとの当該事業年度末までに発生した累積発電電力量，想定総発電電力量＝原子力発電所の運転期間を見積もった上の総発電電力量）

想定総発電量は，運転期間を40年，平均的な設備利用率は76%を前提に設定されている。なお，総見積額は，経済産業大臣の承認を受ける必要があるとされていた。

2 日本原子力研究所（現在の日本原子力研究開発機構）の動力試験炉は，1976年に運転を停止し，96年に廃炉が完了している。しかし廃炉で出た放射性廃棄物3,770トンは，東海村の敷地に一時的に保管され，2019年に処分場に埋設する予定である。しかし現在その埋設地の候補地すら決まっていない状況にある（『朝日新聞』2011年9月18日）。

3 実際の原子炉等の廃棄等には，「核原料物質，核燃料物質及び原子炉の規制に関する法律」の下で電気事業者の自社規制により安全・確実に実施されることとなる。

4 6月25日の第1回ワーキンググループの後，総合資源エネルギー調査会の組織改編によって，「電力・ガス事業分科会電気料金審査専門小委員会」の下に位置づけられたため，7月23日検討会も第1回となっている。

5 検討は，総合資源エネルギー調査会の「廃炉に係る会計制度検証ワーキンググループ」において行われ，2015年3月に報告書「原発依存度低減に向けて廃炉を円滑に進めるための会計関連制度について」が公表された。

参考文献

会計・税制問題研究会［2009a］「シリーズ 業種別に見た税と会計47」『税務経理』2009年1月16日，2-8頁。

会計・税制問題研究会［2009b］「シリーズ 業種別に見た税と会計49」『税務経理』2009年2月3日，2-9頁。

角瀬保雄・谷江武士［1990］『東京電力』大月書店。

菊谷正人［2007］「有形固定資産の取得原価と資産除去債務」『税経通信』第62巻第12号，33-40頁。

公認会計士協会［2013］「『原子力発電所の廃炉に係る料金・会計制度の検証結果と対応策（案）』に対する意見」。

総合資源エネルギー調査会／電力・ガス事業部会／電気料金審査専門小委員会／廃炉に係る会計制度検証ワーキンググループ［2013］「原子力発電所の廃炉に係る料金・会計制度の検証結果と対応策」。

総合資源エネルギー調査会／電力・ガス事業部会／電気料金審査専門小委員会／廃炉に係る会計制度検証ワーキンググループ［2015］「原発依存度低減に向けて廃炉を円滑に進めるための会計関連制度について」。
醍醐聰［2008］『会計学講義〔第4版〕』東京大学出版会。
谷江武士［2015］「電力会社の廃炉会計と電気料金」『名城論業』第15号，19-34頁。
東京電力［2012］「再生への経営方針」。

（山﨑真理子）

第4章 電力産業と税制

1. はじめに

私たちの支払っている電気料金の一部は，原子力発電立地地域への交付金や，原子力発電の技術開発や，損害賠償機構や，廃炉費用等に使われている。これらの項目が，電力産業が負担している公租公課やバックエンドコストを通じて，電気料金の算定の基礎となる総括原価に含まれているからである。本章では，電力産業が負担する税金が，電源開発促進税を通じて，どれほどの額がどのように使われているのかや，電力産業特有の租税特別措置によって，多額の積立が生じる仕組みと状況について分析する。

2. 電力産業と税金

電力産業の税負担は重いといわれている（電気事業連合会［2017］1-2頁)。電源開発促進税や核燃料税による電気事業特有の税や，巨額の原子力発電施設に対する固定資産税がその税負担を重くしているとされる。しかし，これらの公租公課は電気料金に含まれるため，実質的な負担者は電気を使用している国民や企業である。ここでは，電力産業の負担している税金の種類と額を確認し，特に多額となっている電源開発促進税にかかわる電源三法交付金制度の仕組みについて概観し，電源開発促進税の支出先について分析する。

(1) 電力産業が負担している税金

電力産業に課される税金は一般の税として事業税，固定資産税，法人税等があり，電気事業特有の税として電源開発促進税や核燃料税がある（**図表4-1**）。

10電力会社が2016年に納付した税金の総額は，9,472億円となっている。同様に2015年は1兆278億円，2014年は9,671億円であった。その内訳は**図表4-2**の通りである。10電力会社が納める税金の大部分は電源開発促進税と固定資産税と事業税である。

電源開発促進税は，一般事業者に対して販売電気1,000kWhにつき375円が課される間接税である。詳しくは次節で検討する。

固定資産税は，土地・家屋および償却性資産に対して課される市町村税である。特に原子力発電所は初期に巨額の投資を要するため，償却資産にかかる固定資産税が多額となる。

事業税は，2004年から外形標準課税が導入されているが，電気事業を含めた

図表4-1　電気事業に課される税金（2017年9月現在）

		課税標準	税率
一般の税	事業税（都道府県税）	各事業年度の収入金額	標準税率約1.3%（地方法人特別税を含む）
	固定資産税（市町村税）	土地・家屋および償却資産	標準税率1.4%
	法人税（国税）	各事業年度の所得	23.4%
	その他	消費税・印紙税・都市計画税・不動産取得税・事業所税・登録免許税など	
電気事業特有の税	電源促進税（国税）	販売電気（電気事業者自らが使用した電気を含む）	375円／1,000kWh
	核燃料税【法定外普通税として道県が条例で定める】	発電用原子炉に挿入された原子燃料の価額等（課税期間…5年間）	各道県ごとに税率が定められている。

出所：電気事業連合会［2017］2頁。

図表 4-2　10 電力会社の納税額

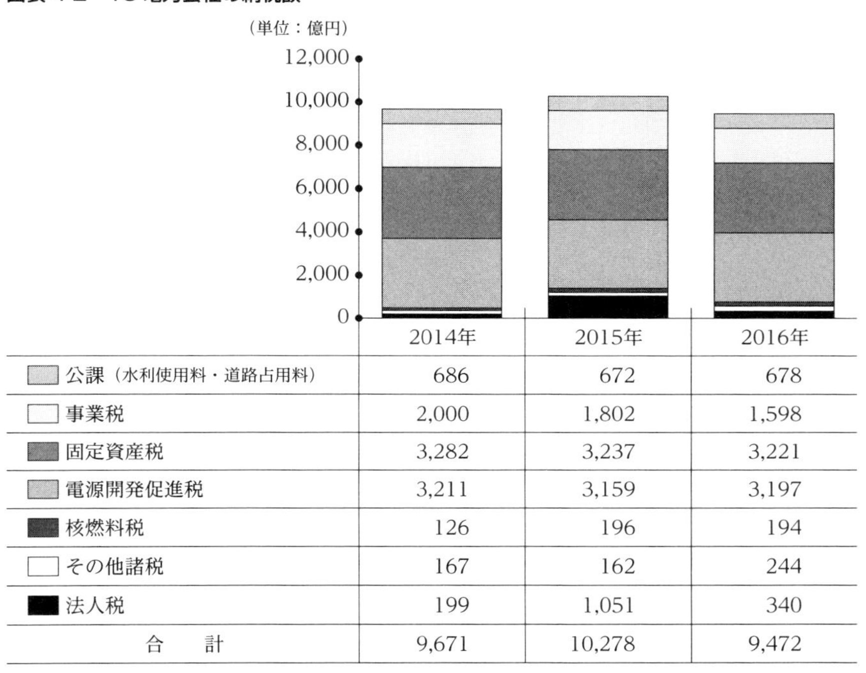

	2014年	2015年	2016年
公課（水利使用料・道路占用料）	686	672	678
事業税	2,000	1,802	1,598
固定資産税	3,282	3,237	3,221
電源開発促進税	3,211	3,159	3,197
核燃料税	126	196	194
その他諸税	167	162	244
法人税	199	1,051	340
合　計	9,671	10,278	9,472

出所：電気事業連合会［2017］2 頁。

3 業種（電気，ガス，保険業）については，収入金課税となっている。仮に 10 電力会社の 2016 年の事業税額（1,598 億円）を，外形標準課税方式（2016 年）に置き換えて税額を計算すると約 490 億円になるという（電気事業連合会［2017］2 頁）。

電源開発促進税や固定資産税や事業税などの公租公課は，電力会社が納税主体となり，税負担が重いように見える。しかし，電気料金の算定にこれらの公租公課が含まれるため，実質的にこれらの税金を負担しているのは，電気を消費する国民や企業などである。

(2) 電源三法交付金

ここでは，実質的には国民や企業の電気料金の支払いによって負担している電源開発促進税が，どのような仕組みで何に支出されているのかを概観する。電源開発促進税は，電源三法交付金の財源となる税目である。電源三法交付金制度は，発電所の開発利益の一部を積極的に地元に対して還元することで，原子力発電所の立地を促進するために1974年に創設された（原子力委員会［1975］53-54頁）。これは，①電源開発促進税法，②特別会計に関する法律，③発電用施設周辺地域整備法の3つの法律が一体的に運用されることによって，財源となる収入から支出となる交付金に至る一連の流れが形成されている（**図表4-3**）。

電源開発促進税法は，電源三法交付金の財源となる電源開発促進税の根拠法である。2007年4月以降は，一般電気事業者に対して販売電気1,000kWhにつき375円の電源開発促進税が課されている。電源開発促進税は一度一般会計に繰り入れられるが，必要額が一般会計からエネルギー対策特別会計の電源開発促進勘定に繰り入れられる。この収入が電源三法交付金の支出の財源となる。当初は電源開発促進対策特別会計が設置され，電源開発促進税も直接繰り入れられていたが，2007年度から電源開発促進対策特別会計と石油およびエネルギー需給構造高度化対策特別会計が統合されて，エネルギー対策特別会計となった。

発電用施設周辺地域整備法は，電源三法交付金の根拠となる法律である。電源三法交付金の種目は，「電源立地地域対策交付金」「電源立地等推進対策交付金」「電源地域産業育成支援補助金」「電源地域振興促進事業費補助金」など多様化している。

(3) 電源開発促進税の支出先

ここでは，エネルギー対策特別会計財務書類［2014］における電源開発促進勘定の区分別収支計算書を分析することで，電源開発促進税の支出先を検討す

図表 4-3　電源三法制度

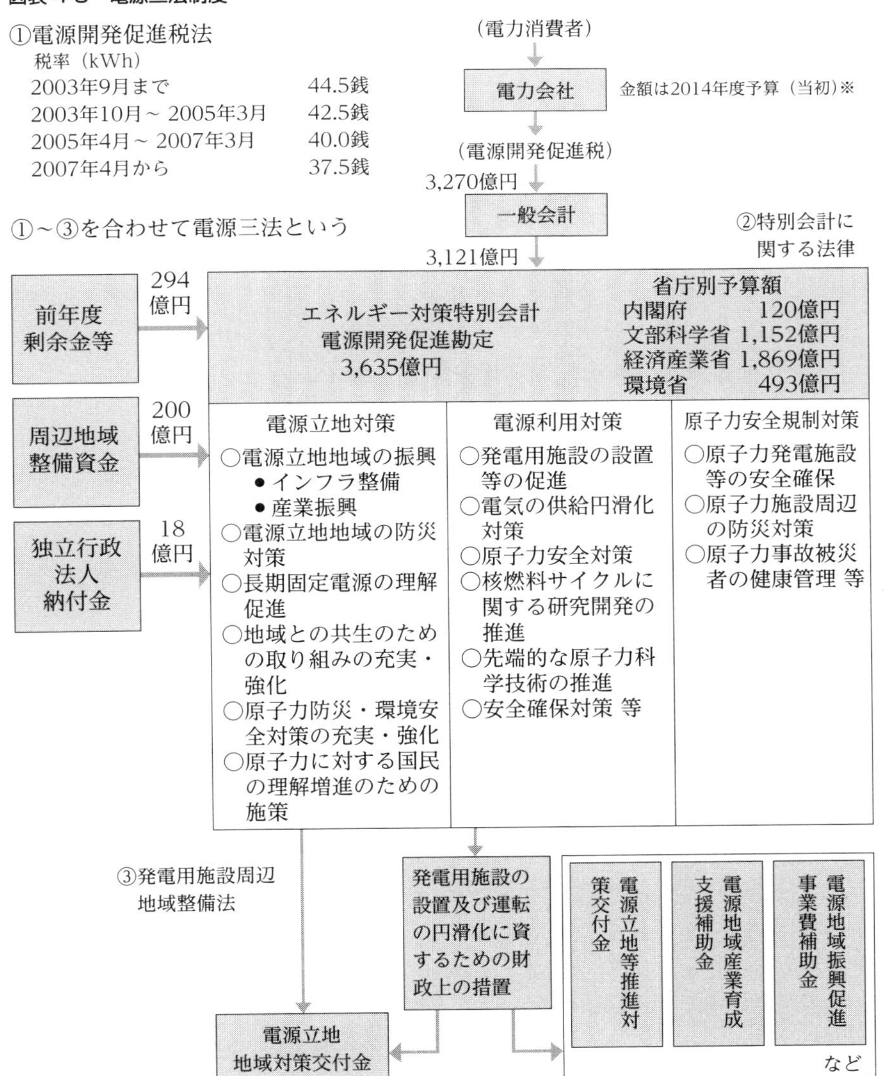

※エネルギー対策特別会計は従来の電源開発促進対策特別会計と石油およびエネルギー需給構造高度化対策特別会計を2007年度に統合。うち電源開発促進勘定で電源開発促進対策特別会計の業務を承継
※2007年度から電源開発促進税の収入は一般会計歳入に繰り入れ，毎年必要額を一般会計からエネルギー対策特別会計に繰り入れる
※この他，原子力損害賠償支援勘定として約5兆円が決定されている
出所：電気事業連合会［2015］9-3-1頁。

図表4-4　電源開発促進勘定　区分収支計算書（2014年4月～2015年3月）

（単位：百万円）

Ⅰ 業務収支	
1 財源	
自己収入	
その他の収入	7,142
他会計からの受入	
一般会計からの受入	314,948
出資金の回収による収入	637
前年度剰余金受入	77,030
資金からの受入（予算上措置されたもの）	12,276
財源合計	412,035
2 業務支出	
(1) 業務支出（施設整備支出を除く）	
人件費	−7,726
補助金等	−162,907
委託費	−30,228
交付金	−35,000
拠出金	−1,409
独立行政法人運営費交付金	−92,337
庁費等の支出	−12,544
その他の支出	−956
(2) 施設整備支出	
建物等に係る支出	−1
業務支出合計	−343,112
業務収支	68,923
本年度収支	68,923
翌年度歳入繰入	68,923
資金本年度末残高	40,397
本年度末現金・預金残高	109,320

出所：エネルギー対策特別会計財務書類［2014］。

る。

電源開発促進勘定の収入の中心は，一般会計からの受入による収入3,149億円である。これは，電源開発促進税による収入である。

支出の補助金等1,629億円の内訳は次の通りである。電源立地等推進対策補助金108億円，電源立地等推進対策交付金279億円，電源立地地域対策交付金965億円が地方公共団体の地域振興や公共用設備の整備のために支出されている。また，原子力発電関連技術開発等補助金49億円，ウラン探鉱支援事業費等補助金9億円，全炉心混合酸化物燃料原子炉施設技術開発費補助金5百万円が原子炉施設の安全性の向上のための技術開発に必要な経費として民間団体に支出されている。そして，日本原子力研究開発機構に施設整備の経費として25億円，福島県民の健康管理調査支援として福島県に4億円，原子力発電施設周辺地域の環境放射線調査費として189億円が支出されている。

委託費302億円の主な内訳は次の通りである。日本原子力研究開発機構に109億円，民間団体に190億円が中国，ベトナム等の原子力発電所にかかる研修や現地セミナーの実施，原子力システムに関する革新的技術開発や高速炉に関する安全設計要件の構築などの委託などを目的として支出されている。原子力被災者に対する健康確保やそのための調査の支出は，わずか9億5千万円である。

交付金350億円は原子力損害賠償支援機構（後に原子力損害賠償・廃炉等支援機構）に対する交付金である。拠出金14億円は国際原子力機関に原子力導入検討国の基礎整備支援を目的として支出されている。独立行政法人運営費交付

図表4-5　電源開発促進税の支出先（2014年度）

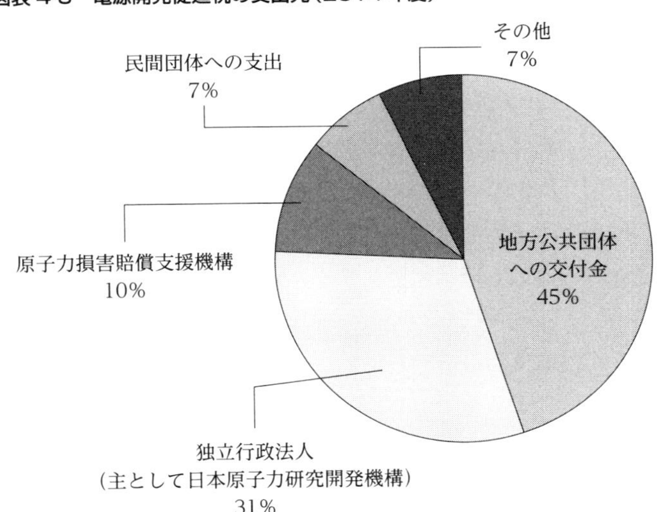

出所：エネルギー対策特別会計財務書類［2014］より筆者作成。

金は日本原子力研究開発機構に920億円，新エネルギー産業技術開発機構に3億円支出されている。

電源開発促進税の支出先を円グラフで示すと前ページ下の**図表4-5**のようになる。地方公共団体への交付金が45%，日本原子力開発機構へは31%，日本原子力損害賠償機構へは10%，民間団体へは7%，その他が7%である。

以上のことから，電源開発促進税は原子力発電立地地域に対する交付金のみに使われているのではなく，原子力発電のための技術開発や日本原子力研究開発機構の運営や原子力損害賠償支援機構に対する交付金にも多額に支出されている。

3. 電力産業の租税特別措置

電力会社で使用されている税負担を軽減する租税特別措置の代表例としては，使用済燃料再処理準備金と原子力発電施設解体準備金がある。企業会計上では，使用済燃料再処理準備金は使用済燃料再処理等引当金として費用計上される。原子力発電施設解体準備金は，原子力発電施設解体引当金として計上されていたが，2010年以降，資産除去債務の科目の一部として費用計上されている。かつて，引当金の繰入額は税務上損金算入されていたが，1998年と1999年の税制改正以降，多くの引当金が税務上の損金算入項目から廃止されている状況にある。したがって，引当金は税務上で廃止されているにもかかわらず，使用済燃料再処理等引当金と原子力発電施設解体引当金（資産除去債務）は，租税特別措置により使用済燃料再処理準備金と原子力発電解体準備金を通して損金算入ができる仕組みになっている。ここでは，使用済燃料再処理準備金と原子力発電施設解体準備金の政策目的や積立額の算定方法や使用状況を考察する。

（1）使用済燃料再処理準備金

使用済燃料再処理準備金は，2005年の「原子力発電における使用済燃料の再処理等のための積立金の積立て及び管理に関する法律」の制定に伴い，使用済核燃料再処理準備金[1]を見直したものである（租税特別措置法第57条の三）。この改組により損金算入される範囲が拡大した。

適用対象法人の中心は電力会社である。使用済燃料再処理準備金を利用すると，適用対象法人が使用済燃料の再処理等に要する費用の支出に充てるため，積立限度額以下の金額を積み立てた場合，その積立額が，積み立てをした事業年度の損金の額に算入される。積み立て限度額は，資金管理法人[2]に使用済燃料再処理等積立金として積み立てた金額である[3]。また，取り崩し制度もある。経済産業大臣の承認を受けた取り戻しに関する計画により使用済燃料再処理等積立金を取り戻した場合には，その取り戻しをした額に相当する金額が，益金の額に算入される。

①　使用済燃料再処理等引当金と使用済燃料再処理準備金について

電気事業者は，使用済燃料のうち具体的な再処理計画を有する使用済燃料の再処理等に要する費用を，当該年度に発生した使用済燃料の数量などに基づいて，使用済燃料再処理等引当金として計上する（新日本有限責任監査法人［2011］1071頁）。引当金計上をすることで，将来においてかかる支出を期間配分することになる。そして，実際に使用済燃料再処理等の役務提供を受けた時点で当該引当金を取り崩す。

仕訳で示すと次のようになる。

（使用済燃料再処理等引当金計上時）

（借）使用済燃料再処理等発電費　100　　（貸）使用済燃料再処理等引当金　100

（再処理役務の提供を受けた時）

（借）使用済燃料再処理等引当金　100　　（貸）未　払　金　100

この使用済燃料再処理等の見積り費用の対象となる使用済燃料再処理等の役務は，将来にわたって長期的に提供されることが想定される。そのため，引当金算定の基礎となる総見積額の算定に当たっては，適正な割引率による割引現在現価を使用する。

これとあわせて，引当金計上相当額については，引当金相当額の資金が他の目的によって使用されるのを防止するため，実際に外部の資金管理法人に資金拠出を行う。この外部資金拠出額が使用済燃料再処理等積立金として，資産計上され，この金額を限度として使用済燃料再処理準備金の損金算入額が決定する。また，使用済燃料再処理等積立金の取戻しに関する計画を策定し，経済産業大臣の承認を受けた範囲で積立金を取り戻すことができる。この場合，使用済燃料再処理準備金の取り崩しとなり，益金算入されることになる。

仕訳で示すと次のようになる。

（外部拠出時）

（借）使用済燃料再処理等積立金　100　（貸）現　金　預　金　100

↑この金額を限度として使用済燃料再処理準備金の損金算入額が決定する。

（資金取戻時）

（借）現　金　預　金　100　（貸）使用済燃料再処理等積立金　100

↑使用済燃料再処理準備金の取り崩しとなり，益金算入される。

②　使用済燃料再処理準備金の目的

使用済燃料再処理準備金の政策目的は，原子力を基幹電源として推進することにある。原子力発電を推進するためには，使用済燃料の再処理等に要する費用を積み立てなければならず，「日本原燃（株）の六ヶ所再処理工場竣工の40年後までに原子力発電によって生じる使用済燃料（約3.2万トン）の再処理等に要する費用を着実に積み立てる」（使用済燃料再処理準備金［2015］1頁）ことを目的としている。そして，使用済燃料再処理等準備金を発電による使用済燃料の発生時に認識し，「その費用を電気料金として回収することにより，世代間負担の公平性を担保するものである」（使用済燃料再処理準備金［2015］3頁）としている。なお，六ケ所再処理工場で再処理される以外の使用済燃料の再処理にかかる費用は，「使用済燃料再処理等準備引当金」とされ，これは，使用済燃料再処理準備金の対象外であり（金森［2016］101頁）[4]，このための引当費用は，損金算入されない。したがって，使用済燃料再処理準備金は再処理費用を日本原燃に支払うための積立金に対する租税特別措置であるといえる。

再処理に要する費用は，従来，使用済核燃料の再処理によって回収される有用物質（減損ウラン，プルトニウム）の取得原価額として経理処理されていた。しかし，実際に要する再処理費用が回収有用物質の価額を大きく超えることが明らかになったこと，再処理費用は将来支出されるものではあるが，その使用済核燃料が発電に使用された期間の費用と考えることが適当であること，その費用の大きさを核燃料の燃焼時点で合理的に見積もることが可能となったこと等から，電気事業法第36条に基づき再処理費について引当金の積立義務が課された（総合資源エネルギー調査会電気事業分科会［2004］資料6，1頁）。それとともに，使用済燃料再処理準備金も導入された。

使用済燃料再処理準備金の積立金算定方法は次のようになる。

積立額 ＝ 当年度以降要積立額現価相当額
×（当年度要積立量÷当年度以降要積立量現価相当量）
＋前年度末積立残高に係る利息

現価相当額は，将来必要な費用等を割引率で現在価値に割り引いて算出されたものである。

③　使用済燃料再処理準備金と外部積立

まず，**図表4-6**より使用済燃料再処理準備金における資金の動きを確認する。使用済燃料再処理準備金の積立額は，費用計上されると同時に損金に算入される。この損金算入された積立額は，外部の資金管理センターで国債を中心に運用されることになる。電力会社等が使用済燃料の再処理費用が必要となった時に，資金管理センターに積み立てていた資金を取り戻して，日本原燃へ再処理費用を支払う。

ただし，2016年に使用済燃料の再処理等に係る制度の見直しが行われ，資金管理法人に積み立てるのではなく，使用済燃料再処理機構（NuRo）に拠出する

図表 4-6　再処理等積立金管理業務に係わる基本的スキーム

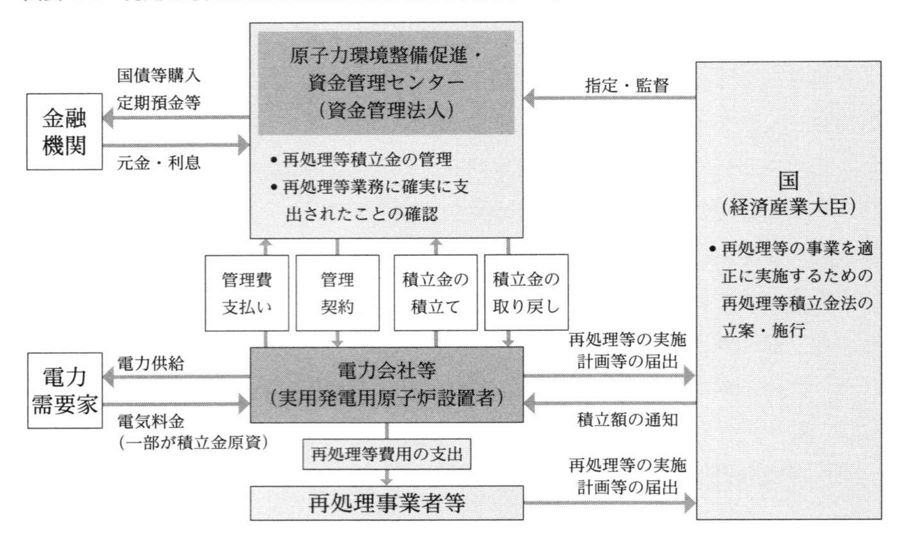

出所：「再処理等積立金管理業務に係わる基本的スキーム」公益財団法人原子力環境整備促進・資金管理センターホームページ（http://www.rwmc.or.jp/financing/reprocess/financing1.html〔最終閲覧日：2015年5月23日〕）。

制度に変更となった。NuRoは，2016年10月に認可を受け，11月に使用済燃料の再処理業務等において，日本原燃と委託契約をしている。同時に，資金管理センターから使用済燃料再処理等積立金に相当する金銭及び有価証券の引き渡しを受け，収納している。

④　使用済燃料再処理準備金の使用状況

「租税特別措置等に係る政策の事後評価書」により使用済燃料再処理準備金の使用状況について考察する。使用済燃料再処理準備金の適用件数は，10社である。外部の資金管理センターに積み立てた額が損金算入され，資金管理センターから取り戻した額が益金算入されるため，その差額が課税所得を縮小させて減税効果を生むことになる。

図表4-7によると，2007年までは，積立額の方が取崩額を上回っているが，2008年以降は取崩額が積立額を上回る。そのため，2008年以降は，電力会社に

おいて減税効果が生じていない。取崩額は日本原燃に支出される。再処理事業の試験を2005年末から始めたことにより，取り崩しが行われている（朝日新聞経済部［2013］105-107頁）。しかし，再処理工場の本格稼働は先延ばしになっている。**図表4-8**によると2008年以降は，法人税増税に影響を与えている。

事後評価報告書では，2014年度末までに「使用済燃料の発生に応じて約1.5兆円（累計額）を積み立てており，総見積額（12.4兆円）に対する積立率は「41.0%」であり，使用済燃料の再処理等に要する費用は着実に積み立てられている（財務省［2015］3頁）」と報告している（**図表4-9**）。近年，実験のために，使用済燃料再処理積立金の取崩額が増加しているが，日本原燃の再処理事業の積み立ては順調に行われている。

2011年以降は，「租税特別措置の適用状況の透明化等に関する法律」（以下透

図表4-7　使用済燃料再処理準備金の適用額

（単位：億円）

年度	2005年	2006年	2007年	2008年	2009年
積立金（損金）	10,067	6,740	5,676	5,267	5,510
取崩額（益金）	9,323	6,683	5,524	5,601	5,662

出所：使用済燃料再処理準備金［2010］28-157頁。

年度	2010年	2011年	2012年	2013年	2014年
積立金（損金）	5,577	4,749	1,780	1,715	1,696
取崩額（益金）	5,850	5,534	3,179	3,110	3,119

出所：財務省［2015］2頁。

図表4-8　使用済燃料再処理準備金による法人税減税額

（単位：億円）

年度	2005年	2006年	2007年	2008年	2009年
法人税の減税額	223	17	45	−100	−46

注　：法人税の減税額＝（積立額－取崩額）×税率30%
出所：財務省［2010b］28-157頁。

年度	2010年	2011年	2012年	2013年	2014年
法人税の減税額	−82	−236	−392	−391	−363

注　：法人税率～2011年までは30%，2012年～2013年は28.5%，2014年は25.5%
出所：財務省［2015］2頁。

図表 4-9　使用済燃料再処理準備金の積立累計額等

年度	2005年	2006年	2007年	2008年	2009年
総見積額（a）（億円）	126,850	126,873	127,038	118,958	121,308
積立累計額（b）（億円）	10,432	17,468	23,410	28,942	34,730
総見積額に対する 積立率（b）／（a）（%）	8.2	13.8	18.4	24.3	28.6

出所：財務省［2010b］28-158 頁。

年度	2010年	2011年	2012年	2013年	2014年
総見積額（a）（億円）	122,516	122,237	122,043	122,971	124,439
積立累計額（b）（億円）	40,585	45,593	47,431	49,205	51,070
総見積額に対する 積立率（b）／（a）（%）	33.1	37.3	38.9	40.0	41.0

出所：財務省［2015］3 頁。

図表 4-10　使用済燃料再処理準備金による損金算入額（2012 年～ 2014 年）

	2012年	2013年	2014年
透明化法：件数（件）	9	9	9
透明化法：使用済燃料再処理 準備金による損金算入額（億円）	1,334	1,268	1,238
事後評価報告書（損金）	1,780	1,715	1,696
差	446	447	458

出所：第 190 回国会提出資料［2016］10 頁，財務省［2015］2 頁。

明化法）においても租税特別措置に関する情報が公表されるようになった。この情報に基づいて，使用済燃料再処理準備金における適用件数と適用額を示し，事後評価報告書の金額と比較すると**図表 4－10** のようになる。

図表 4－10 によると，透明化法に基づく報告では，2012 年は 1,334 億円，2013 年は 1,268 億円，2014 年は 1,238 億円と損金算入額が報告されている。取り崩しに関する報告はなされていない。事後評価報告書の報告では，2012 年に 1,780 億円，2013 年に 1,715 億円，2014 年に 1,696 億円と損金算入額が報告されている。その差が毎年，450 億円程度ある。

(2) 原子力発電施設解体準備金

原子力発電施設解体準備金は，電気事業法に規定する一般電気事業又は卸電気事業を営む法人が，各事業年度において，特定原子力発電施設の解体費用の支出に備えるために，積み立て限度額以下の金額を準備金として積み立てた時に，その積立額の損金算入を認めるものである（租特法第57条の四）。1990年に租税特別措置として創設され，2000年には解体放射性廃棄物の処理分の費用も準備金の積立額に追加されることになった。

積立要件は，原子炉等の解体費用が，①多額であり，発電時点と廃止措置時点との間に相当のタイムラグがあり，②解体が発電を行うことによって生ずる費用であり，③解体の標準工程が総合エネルギー調査会原子力部会により示され，合理的費用見積りが可能であることである（総合資源エネルギー調査会電気事業分科会［2004］資料6，1頁）。原子力発電施設設置者は，「核原料物質，核燃料物質及び原子炉の規制に関する法律」において，原子力発電施設を廃止するときは，廃止措置を講ずるように義務づけられており，また，電気事業法において，方法もしくは額を定めて積立金もしくは引当金を積み立てることを命じている。なお，企業会計上の原子力発電施設解体引当金は，2010年以降，「資産除去債務」の科目の一部として引き継がれている。

① 原子力発電施設解体準備金の積立方法

会計上の原子力発電施設解体引当金の引当額と同様に原子力発電解体準備金の積立額が算定される。解体等に要する将来の費用について，次の算式に基づいて積立額を計上する。損金算入される積立額の計算方法は次の通りである。

$$\text{積立額} = \frac{(\text{総見積額} - \text{既積立総額}) \times 1}{\text{運転開始日から50年目までの残存年数}}$$

（2014年4月1日以降はこの計算式で運用される。[5]）

早期に廃炉となる等の理由によって安全貯蔵期間（運転終了時から本格的な

解体が始まる時までの期間）の終了時点が運転開始から50年未満となる場合は，運転開始から安全貯蔵期間の終了時点までと読み替えて適用することになった。変更前までは，累積発電量が計算式の中に組み込まれていたため，原子力発電所が稼働していなければ準備金を積み立てて損金算入することができなかった。これにより，原子力発電所が稼働していなくても原子力発電施設解体準備金を積み立てることが可能となった。

②　原子力発電施設解体準備金の目的

原子力発電施設解体準備金の政策目的は，これから原子力発電施設の建て替えが2030年頃に本格化していくものと見込んで，2030年以降も全電源に占める原子力発電の発電電力量の比率を30％～40％程度以上の水準を維持するために必要なリプレース費用を確保することにあった（財務省［2010a］28-151頁）。そのリプレース費用の負担を平準化するために原子力発電施設解体準備金が必要となるという（財務省［2010a］28-151頁）。

③　原子力発電施設解体準備金の使用状況

原子力発電施設解体準備金の積立額は，外部の資金管理センターに積み立てるのでなく，企業会計上の資産除去債務あるいは原子力発電施設解体引当金を通して内部に積み立てられることになる。原子力発電施設解体準備金の適用件数は，10社である。

図表4-11　原子力発電施設解体準備金の適用額

（単位：億円）

年度	2005年	2006年	2007年	2008年	2009年
積立金（損金）	747	498	633	618	654
取崩額（益金）	－	1	－	14	14

年度	2010年	2011年	2012年
積立金（損金）	591	214	199
取崩額（益金）	37	33	781

出所：財務省［2010a］28-152頁，財務省［2013］2頁。

積立額は，企業会計上の資産除去債務あるいは原子力発電施設解体引当金を通して損金算入された金額である。取崩額は，原子力発電施設の解体に要した費用を取崩額として益金算入する。積立額と取崩額の差が正の値になれば，課税所得を縮小し減税効果が生まれる。2009年1月に浜岡原発の1号機と2号機が廃炉となっている。その影響と推測できるが，**図表4-11**によると2008年から原子力解体施設準備金の取崩が行われている。2012年の取崩は，2011年3月の東日本大震災の被害により，福島第一原発の原子炉が廃炉となった影響によるものと推測できる。

図表4-12によると，2005年から2011年までは，減税効果があり，8年間で合計1,006億円の減税効果があった。

図表4-13によると，2012年度末時点において原子力発電施設解体のための費用の総見積額が約3兆円であり，有税分を含めた積立額が約1.8兆円となっている。無税分の積立額は約1兆円となっている。

2011年以降は，「租税特別措置の適用状況の透明化等に関する法律」において租税特別措置に関する情報が公表されるようになった。原子力発電施設解体準備金における適用件数と適用額を示すと**図表4-14**のようになる。2013年の適用件数は1件で10億円，2014年の適用件数は9件で268億円，2015年の適用件数は10件で493億円が損金算入された。2013年に損金算入額が著しく減少するが，これは2013年9月から2015年8月まで原子力発電による電力供給が行われていなかったためだと考えられる。2014年4月からは積立方式が変わり，原子力発電所が稼働していなくても原子力発電施設解体準備金を積み立てることが可能となったため，損金算入額が増加したと見られる。

図表4-12　原子力発電施設解体準備金による法人税減税額

（単位：億円）

年度	2005年	2006年	2007年	2008年	2009年
減税額	224	148	190	181	191

年度	2010年	2011年	2012年
減税額	166	54	−148

出所：財務省［2010a］28-152頁；財務省［2013］3頁。

図表 4-13　原子力発電施設解体準備金の積立額

（単位：億円）

年度	2005年	2006年	2007年	2008年	2009年
見積総額	25,953	25,839	29,710	30,387	29,710
積立残高（有税込み）	11,449	11,935	14,087	14,666	15,294
積立残高（無税分）	8,203	8,700	9,333	9,937	10,577

出所：財務省［2010a］28-153 頁。

年度	2010年	2011年	2012年
見積総額	29,738	29,767	28,235
積立残高（有税込み）	17,504	17,691	17,859
積立残高（無税分）	11,131	11,311	10,729

出所：財務省［2013］3 頁。

図表 4-14　原子力発電施設解体準備金の損金算入額（2013 年～ 2015 年）

	2013年	2014年	2015年
件数　（件）	1	9	10
原子力発電施設解体準備金による損金算入額　（億円）	10	268	493

出所：第 193 回国会提出資料［2017］10 頁。

東日本大震災以降，原子力発電所の稼動停止が相次ぎ，原子力発電による電力量が急激に減り，原子力発電による電力量が全体の電力量の 1％～ 2％程度となった。さらに 2013 年 9 月から 2015 年 8 月までは，すべての原子力発電所が停止している状態にあった。2015 年 8 月に川内原発が再稼働し，現在は大飯原発と高浜原発の 4 基のみが稼働している状況にある（2018 年 6 月時点）。政策目的に掲げられていた原子力発電による電力供給割合とされた 30 ～ 40％とは程遠い数値である。さらに，プルトニウムを使う高速増殖炉「もんじゅ」は廃炉が決定し，六ヶ所再処理工場は竣工の時期を何度も延期し，今だ完成していない。使用済燃料再処理準備金や原子力発電施設解体準備金の政策目的からは程遠い現実となっている。

4. おわりに

本章では，電力産業の負担している税金の種類と額を確認し，特に多額となっている電源開発促進税について分析した。そして，電力産業の租税特別措置として，使用済燃料再処理準備金と原子力発電施設解体準備金の政策目的や積立額の算定方法や使用状況を考察した。実質的には電力を消費している国民や企業の負担となっている電源開発促進税は，原子力発電施設立地地域に対する交付金のみに支出されているのではなく，原子力発電のための技術開発のためにも多額に支出されている。さらに原子力損害賠償支援機構にも支出されている。使用済燃料再処理準備金と原子力発電施設解体準備金は，原子力発電を推進するための制度である。これらのバックエンドコストにかかる準備金により，多額の積み立てが行われている。

電力産業が負担している税金や，バックエンドコストにかかわる準備金の引当額は，電気料金の算定の基礎となる総括原価に含まれる。私たちが支払う電気料金は，現在の発電のためのコストのみならず，将来かかるであろう使用済燃料の再処理費用や原子力発電所の解体費用の積み立てになっている。原子力発電所の大部分が停止しており，政策目標とかけはなれた現実となっているにもかかわらず，租税特別措置により，原子力発電のための多額の積み立てが行われているのである。さらに，電源開発促進税を通して，原子力発電のための技術開発や原子力損害賠償支援機構の運営費にまでなっているのである。

注

1 旧使用済核燃料再処理準備金は，1986年から導入され，積立額に対して損金算入される制度であった。

2 公益財団法人原子力環境整備促進・資金管理センターが，資金管理を行っている。

3「原子力発電における使用済燃料の再処理等のための積立金の積立て及び管理に関する法律」第3条第1項，第2項及び第7項。2004年の制度改正で使用済燃料再処理等引当金を外部に積み立てることになった。それまでは内部留保として内部に積み立てていた。

4 なお，使用済燃料再処理等準備引当金は料金原価に算入されない（金森［2016］103-104頁）。

5 変更前の計算式は次の通りである。

$$積立額=\left(総見積額\times 90\%\times\frac{累積発電電力量}{想定総発電電力量}\right)-前年度積立額$$

参考文献

朝日新聞経済部［2013］『電気料金はなぜ上がるのか』岩波書店。
井上武史［2015］『原子力発電と地方財政』晃洋書房。
金森絵里［2016］『原子力発電と会計制度』中央経済社。
原子力委員会［1975］『原子力白書』。
財務省［2010a］「原子力発電施設解体準備金」『租税特別措置等に係る政策の事後評価書』。
財務省［2010b］「使用済燃料再処理準備金」『租税特別措置等に係る政策の事後評価書』。
財務省［2013］「原子力発電施設解体準備金」『租税特別措置等に係る政策の事前評価書』。
財務省［2015］「使用済燃料再処理準備金」『租税特別措置等に係る政策の事後評価書』。
新日本有限責任監査法人［2011］『業種別会計実務ガイドブック』税務研究会出版局。
総合資源エネルギー調査会電気事業分科会［2004］『平成16年総合資源エネルギー調査会電気事業分科会第1回制度・措置検討小委員会資料』。
谷江武士［2017］『東京電力原発事故の経営分析』学習の友社。
電気事業連合会［2015］『原子力エネルギー図表集2015』。
電気事業連合会［2017］『電気事業と税金2017』。
『エネルギー対策特別会計財務書類』［2014］。
第190回国会提出資料［2016］『租税特別措置の適用実態調査の結果に関する報告書』。

（田中里美）

第 II 部

電力産業における原子力発電の経営分析

第5章
原子力発電の経済性と安全性分析

1. 電気の電源別発電費用 ―東京電力の場合―

電気事業における一般送配事業者，送電事業者，発電事業者の会計は，電気事業会計規則（経済産業省令第38号）などが適用される。経済産業省令では毎事業年度終了後に財務諸表を経済産業大臣に提出しなければならないといわれる（電気事業法第27条の2第1，2項）。電気事業の会計制度では，貸借対照表，損益計算書などが作成・公表されている。

電力会社は，水力発電，火力発電，原子力発電，新エネルギー等発電によって発電し，電力を販売している。

水力発電費は，主な費用として給与手当，減価償却費，修繕費，諸税，水利使用料，委託費がある。また火力（汽力）発電費は，燃料費，減価償却費，給料手当，修繕費がある。原子力発電費には，これらの費用以外に使用済燃料再処理費，廃棄物処理費，特定放射性廃棄物処分費，原子力発電施設解体費など原子力発電所の廃炉や核燃料の再処理などの原子力発電特有の費用がある。

また発電費以外の費用には，送電費，変電費，配電費，販売費，貸付設備費，一般管理費がある。送電費には主な科目として給料手当，修繕費，賃借料，託送料，諸税（主に固定資産税），減価償却費，固定資産除去費などが含まれる。変電費には，修繕費，賃借料，諸税，減価償却費などがある。配電費には，給料手当，修繕費，賃借料，諸税，減価償却費，固定資産除去費がある。販売費には，給料手当，厚生費，委託検針費などがある。貸付設備費は，減価償却費が主なものである。一般管理費には，給料手当，退職給与金，厚生費，賃借料，委託費，研究費，諸費，減価償却費などである。また，発電事業を始めるに当たって，立地対策費用や発電に関する技術開発費用がある。これら以外に経済団体への加盟費や諸々の会費などがある。

これらの費用のうち電源別の発電費を求め，各電源別の発電電力量（kWh）で除すると，発電電力量（1kWh）当たりの発電費を求めることができる。後述するように電源別に発電費用を求め，電源別の経済性を明らかにすることができる。まず電源別の発電費を有価証券報告書の中にある営業費用明細表から取り出して見る。

図表5-1では，水力発電費，汽力発電費，原子力発電費，内燃力発電費，新エネルギー等発電費に区分して費用を記載している。

電力会社の貸借対照表では固定性配列法が採用されており，固定資産から流動資産の順に掲載されている。つまり電力会社は公益事業を営んでおり，巨額の固定資産を保有していることが電力会社の特徴となっているからである。固定資産の減価償却費は，定額法や定率法により計上され，また特別償却も認められる。巨額の設備投資は，この減価償却費を総括原価に組み入れることによって確実に回収される。減価償却費の会計処理では，継続性の原則が適用されるが，正当な理由があればその変更が認められる。つまり定率法から定額法へ，その逆に定額法から定率法への変更は，「正当な変更理由」があれば可能である。電力会社では，減価償却の会計処理方法をたびたび変更している。

また電力自由化の下で「託送料」勘定が用いられている。2000年3月からの大口電力の小売自由化に先立ち，託送料金は，1999年12月27日に10電力会社により初めて発表された。託送収益は控除収益として計上される。他社からの託送料の収入は託送収益となる。東京電力の託送収益は，2010年3月期に334億4,800万円であったが，2016年3月期に986億1,200万円へ約3億円も増えている。

次に原子力バックエンド費用は，原子力発電を利用した後に生じる費用であるが，電気事業審議会料金制度部会は1979年3月，1981年12月，1987年3月の3回にわたって原子力バックエンド費用に関する見解を発表してきた。1999年3月になると総合エネルギー調査会原子力部会は，「高レベル放射性廃棄物処分事業の制度のあり方」を発表し，その第二章で「処分費用の合理的見積につ

図表 5-1　電気事業営業費用明細表（東京電力 2011 年 3 月期）

区分	水力発電費（百万円）	汽力発電費（百万円）	原子力発電費（百万円）	内燃力発電費（百万円）	新エネルギー等発電費（百万円）
給料手当	10,230	21,268	27,472	513	11
厚生費	1,703	3,945	4,826	87	1
雑給	216	363	783	－	－
燃料費	－	1,431,414	47,403	3,346	－
石炭費	－	35,562	－	－	－
燃料油費	－	253,777	－	3,346	－
核燃料減損額	－	－	39,503	－	－
ガス費	－	1,140,216	－	－	－
その他燃料費	－	1,857	7,900	－	－
使用済燃料再処理等費	－	－	93,574	－	－
使用済燃料再処理等発電費	－	－	49,564	－	－
使用済燃料再処理等既発電費	－		44,009	－	－
廃棄物処理費		5,420	12,507	7	49
特定放射性廃棄物処分費	－	－	24,362	－	－
消耗品費	241	2,474	3,706	58	4
修繕費	12,521	71,432	102,906	1,568	311
水利使用料	4,041	－	－	－	－
補償費	478	2,756	240	－	－
賃借料	479	5,154	6,966	3	－
託送料	－	－	－	－	－
委託費	4,942	9,271	36,498	333	100
損害保険料	－	727	913	－	－
原子力損害賠償支援機構負担金	－	－	－	－	－
諸費	737	2,016	2,953	44	2
諸税	11,162	17,579	20,749	110	12
減価償却費(普通償却費)	39,905	125,944	96,123	1,336	109
固定資産除却費	2,390	11,803	7,113	139	－
原子力発電施設解体費	－	－	20,889	－	－
共有設備等分担額	894	959	33	－	－
合計	89,768	1,712,202	518,629	7,546	604

出所：東京電力・有価証券報告書［2011］。

いて」を報告している。高レベル放射性廃棄物処分費用は「試算結果」として約 2.7 ～ 3.1 兆円の範囲にあるが，設定条件，費用要因を考慮すると一定の変動幅があった。この試算結果から原子力発電電力量 1kWh 当たりの処分単価が試算できるという。同原子力部会による高レベル放射性廃棄物処分費用は，将来において発生するから割引率を用いて将来価値を現在価値に割引くことが適切であるという。割引率の設定如何によって処分費用が大きく変動することを示している。また，高レベル放射性廃棄物処分は，日本ではガラス固化体の地層処分の形態を予定しているが，処分場候補地が未定であり，埋設が困難な状況にある。

図表5-1の有価証券報告書営業費用明細表では，電源別発電費用が明らかである。さらに電源別1kWh当たりの発電費用を見よう。

図表5-2により，東京電力の電源別発電費用（2011年3月期）を見ると汽力（火力）発電費用が1兆7,122億円，発電電力量1,689億kWhであり，1kWh当たりの発電費用が10.14円である。ついで同様に原子力発電，水力発電の1kWh当たりの発電費用は，原子力発電が6.19円／kWh，水力発電が7.38円／kWhとなっている。ところが**図表5-3**を見ると，2012年3月期には原子力発電費用が15.28円／kWhで最も高くなっており，火力発電費用が11.93円／

図表5-2　東京電力の電源別発電費用の比較

（2011年3月期）

	水力発電	汽力発電	原子力発電
発電費用（100万円）	89,768	1,712,202	518,629
発電電力量（100万kWh）	12,168	168,905	83,782
1kWh当たりの発電費用	7.38	10.14	6.19

出所：東京電力・有価証券報告書［2011］より作成。

図表5-3　発電費用の比較（東京電力）

（円／kWh）

決算期	2011　3	2012　3	2013　3	2014　3	2015　3	2016　3
原子力	6.19	15.28	(429,682 百万円)	(469,946 百万円)	(548,661 百万円)	(606,312 百万円)
火力	10.14	11.93	13.00	14.19	13.94	10.13
水力	7.38	6.72	6.82	6.40	6.61	6.76
新エネルギー等	—	28.90	25.96	23.70	23.51	26.06

注1：東京電力の原子力発電は，2013年3月期から2016年3月期の発電電力量がゼロとなっているため1kWh当たりの単価は計算していない。このため2013年3月期以降の「原子力」は，発電費用の金額を示している。
注2：発電コストの計算は，各発電費を発電電力量で除したものである。
出所：東京電力・有価証券報告書［2011～2016］より作成。

kWh，水力発電が6.72円／kWhとなっている。

2003年12月に電気事業連合会は，使用済核燃料再処理費用や高レベル放射性廃棄物処分費などの原子力バックエンド費用に関して見解を発表した。その総額が18兆8,000億円（**図表5-4**）に達するといい，核燃料サイクルコストが発電単価のうち，1.47円／kWhであると初めて発表した。しかし貯蔵後の使用済核燃料の再処理費を考慮すれば，さらに10兆円のコストが必要ともいわれている（『電気新聞』[2003]）[1]。そうすると原子力バックエンド費用は，30兆円近くに達し巨額であり，将来にわたる原子力発電費の経済的負担は大きくなるのである。このバックエンド費用の見積りは2005年4月を起点として，スケジュールに沿って各事業ごとに見積りを行ったといわれ，費用算定に当たっては，前提の変化等により費用算定の結果は変わり得るものである（電気事業連合会［2004］2頁）といわれる。

また原子力発電所の事故にかかわる費用がある。東京電力福島第一原発事故

図表5-4　原子燃料サイクルバックエンド費用の総事業費

事業	項目	事業費総額（百億円）
再処理	ガラス固化体処理，貯蔵，廃止措置など	1,100
返還高レベル放射性　廃棄物管理	廃棄物の返還輸送，貯蔵，廃止措置など	30
返還低レベル放射性　廃棄物管理	廃棄物の返還輸送，廃棄の貯蔵など	57
高レベル放射性廃棄物輸送	廃棄物輸送	19
高レベル放射性廃棄物処分	廃棄物処分	255
TRU廃棄物地層処分	TRU廃棄物地層処分	81
使用済燃料輸送	使用済核燃料輸送	92
使用済燃料中間貯蔵	同左	101
MOX燃料加工	操業など	119
ウラン濃縮工場バックエンド	操業廃棄物処理など	24
合	計	1,880

出所：電気事業連合会［2004］より作成。

に見られるように，巨額の損失が生じ，東京電力が原子力発電事故による住民への補償費や，原子力発電の廃炉のための特別損失が生じる。これらの損失・費用は，東京電力と国のいずれが負担するか。またコストとして会計学上どのように把握すればよいかの検討が必要である（大島［2011］ii-iii頁）[2]。

東京電力福島原発事故における損害賠償（住民・企業への賠償）や廃炉，汚染水そして中間貯蔵施設の建設費用などの費用は，巨額である上に将来の廃炉や核燃料再処理費や処分費用など，いくらかかるのか未確定の部分が大きい（谷江［2017］82-91頁）。**図表1-1**で見たように，2016年時点の福島第一原発の「原発処理のための費用」の試算では21.5兆円に達すると言われている。

2. 実績による発電費用の比較

各電源別の発電費用を求める場合に，モデルによって予測する方法によらないで，前述の東京電力の有価証券報告書（東京電力）により，過去の実績によって発電費用（**図表5-5**）を計算すると，1980年代には，1984年度に原子力がkWh当たり7.22円，火力が14.21円，水力が6.07円で，原子力が火力の半分であった。水力が最も低い発電費用である。他の電力会社の発電費用の場合にもほぼ同額である。ところが，1989年度を見ると，原子力が8.45円，火力が7.47円，水力が5.37円であり，原子力発電費用が火力，水力に比べて最も高くなっている（角瀬・谷江［1999］68頁）。

図表5-5　実績による発電費用の比較（東京電力）

（円／kWh）

年度	1984	1985	1986	1987	1988	1989
原子力	7.22	8.34	9.13	7.45	7.45	8.45
火力	14.21	13.49	7.88	7.74	7.17	7.47
水力	6.07	5.20	5.78	6.53	5.92	5.37

注　：発電コストの計算は，各発電費を発電電力量で除したものである。有価証券報告書（東京電力，各年版）より作成。
出所：角瀬・谷江［1990］68頁。

同様の方式で最近の東京電力の有価証券報告書により発電費用を見ると，2011年3月の原子力発電事故後の2012年3月期には原子力発電の発電費用は，15.28円であった。これは原子力発電事故の影響もあるが，前述の1980年半ばの発電費用約7円から9円に比べ高くなっている。2013年3月期からの発電電力量は，原子力発電事故により原子力発電所は稼働していないため，発電費用の計算ができない。このため**図表5-5**では2013年3月期以降は，原子力発電費のみを掲載している。この原子力発電費は，2013年3月期の4,296億円余りから2016年3月期の6,063億円余りに増加している。原子力発電所が停止しているが，発電費用は，稼働中よりも増大している（**図表5-5**）。このコストは，東京電力の収益を圧迫し，2012年3月期，2013年3月期には当期純損失を計上している。

大島堅一氏（立命館大学）によると原子力発電をもつ電力9社の1970年～2010年の41年間で1kWh当たり原子力は8.53円，火力9.87円，水力7.09円（うち一般水力3.86円，揚水52.04円）であった。このことからも過去41年間で最も安かったのは一般水力であり，原子力での発電費用は水力よりも高い（大島［2011］90頁）。これらの電源別発電費用の計算は，有価証券報告書の営業費用や固定資産のデータに，経産省が定めた発電原価の算定方法（一般電気事業供給約款料金算定規則）に基づいて行う。

さらに，原子力発電に対する国からの技術開発や立地対策に対して多額の交付金が投入されているので，この費用も入れている。「政策経費は国の財政資料から電源ごとの支出額を丹念に拾い上げればよい。事故コストは福島事故によって生じたが，これから確実に発生すると見込まれる金額である。差し当たり16年に経産省が試算を公表した21.5兆円で想定する。これらのコストを集計し，これまでに原発で得られた発電量で割れば1キロワット時当たりの実績値が計算できる。」（大島［2017］29頁）といわれる。福島原発事故の費用は，2013年6月には福島原発事故による損害賠償費用の政府見通しは3兆9,093億円余りであったが実際には政府の見通しを大幅に超えて除染，廃炉，燃料デブリの処分の事故費用は巨額になっている。

また新潟日報社は東京電力の発電コストの試算をしている。試算は過去45年間の有価証券報告書に記載されたデータにより行われている。ここでの東京電力の原子力発電と火力発電の発電費用の計算は，発電にかかった費用と事業に伴う損失の総額を発電電力量で割り，1kWh当たりの発電費用を算出し，比較している。「東京電力の原発の発電コストは1キロワット時当たり『9.8円』で，火力発電よりも高かった」（新潟日報社原発問題特別取材班［2017］294頁）。

これまで原子力発電を推進するにあたり国の交付金行政によって地方に原発の誘致を行なってきた。地方自治体への交付金の推移を見ても巨額の交付金によって原発を設置してきたが，これらの交付金も広義の意味で原発費用ということができる。この交付金行政は，1974年6月，田中角栄内閣により電源三法が公布された。この法律は電源開発促進税法，特別会計に関する法律，発電用施設周辺地域整備法の3法を意味する。電源開発促進税は，電力会社に課税され，この税金を総括原価に算入し消費者の負担とした。詳しくは第3章を参照されたい。

ドイツ原子炉安全委員会委員のクリストフ・ピストナー氏は，原発が経済的に割に合わない理由について，次のように述べている。「原発そのものが抱える問題として，深刻な事故を起こさないために安全面に多くの資金を使わなければなりません。福島のような事故が起きれば，多額の追加投資も必要になる。こうした中で，原発は国による多額の補助金がなければ割に合わないと分かってきました」（新潟日報社原発問題特別取材班［2017］328頁）と述べている。

3. 原子力発電の安全性

一般産業の安全性と原子力発電の安全性とは異なる。火力発電と原子力発電の違いは，安全性の質の点で異なる。原子力発電は，不可逆性の性質をもっている。つまり，ある変化が起こって，どんな条件を加えても，再び元の状態に戻るのが難しい性質をもっている。これに対して火力発電は，ある変化が起こってもある条件を加えると元の状態に戻る性質をもっている。

原子力発電事故が起これば放射能の拡散が生じ，人間の生命にもかかわってくる。原発の廃棄物と普通のごみとでは同じ廃棄物でも性格が異なっている。原子力発電の廃棄物が消えて人体に影響を与えなくなるには，何万年もかかるといわれている。普通のごみ（廃棄物）は，処分し，元の状況に戻すことができる。日本は火山のプレートと活断層のずれによる地震の発生が多い国である。日本では震度6弱以上の地震が30年以内に発生すると予想されており，南海トラフ地震では，89.3%，フィリピン海プレートで5.3%の確率で発生するといわれている。活断層の上に原子力発電所が建設されている可能性があるとして裁判も行われている。また，地震による津波の影響によって東京電力福島原発事故が発生し，今も廃炉（デブリ）の処理に困難を極めている。作業員の被ばくの影響もある。

次に原子力発電の「安全神話」の崩壊について見ると，1つ目の問題は，電源開発である。原子力発電に関しては，福島原発事故によって安全神話が崩れている。これまで日本では，高速増殖炉と増殖炉を支える核燃料サイクルの分野で大事故が起きた。1995年にナトリウム漏れを起こした「もんじゅ」（増殖炉，2016年12月21日に正式に廃炉決定した。），1997年に火災事故が起きた再処理工場は，核燃料サイクルの要である。さらに，1999年9月末に発生したJCOの事故は，「常陽」という増殖炉で使うウラン燃料の製造ラインで発生したものである。こうしたあいつぐ大事故によって，国民の間には原子力発電に対する不安が大きな割合を占めるまでに至っている。

総理府によると，原子力発電の廃止や現状維持を求める増設反対派が48.7%と約半数に達し，68.2%の人が原子力発電に不安を感じているという調査結果を発表している。こうした国民の原発増設にたいする反対や原発に不安を感じている声が高まる中，2000年2月22日に三重県知事は芦浜原発建設計画の白紙撤回の意向を明らかにした。中部電力も，このため芦浜原発建設を断念した。

日本の原子力発電への重視は，石油の代替エネルギーとして1973年の石油危機以降急速に高まってきたのであるが，原子力発電の「安全神話」が崩壊し，前述の経済性の点でも，必ずしも安いとはいえないことが明らかになった。欧米諸国の中でもドイツのように原子力発電を廃止する国，あるいは新規の建設をしない国が出てきている。

ドイツは，日本の福島原発事故の教訓などから原子力発電所の廃止を決定した。ドイツは国会決議に基づいて原発を廃止するが，代替エネルギーとして，太陽光などの有力な電源を用いる。世界の原子力発電政策の流れは，長期的に見れば廃止の方向に向かっているといえる。

安全神話の崩壊とともにポスト原発の論議がはじまったのは，1979年3月28日に発生したスリーマイル島事故がある。この事故は「出力97％で運転中のTMI－2で給水ポンプのトラブルを発端とした小破断冷却材喪失から炉心溶融に至る事故が発生した。国際原子力事象評価尺度（INES，原子力事故・故障の評価の尺度）レベル5（事業所外へリスクを伴う事故）と判定される」（原子力総合年表編集委員会編［2014］773頁）。

また1986年4月26日には旧ソ連のウクライナ共和国でチェルノブイリ原発事故が発生した。この事故では，4号機の原子炉で2回爆発し，続いて火災が発生した。原子力発電は一度事故を起こすと他の事故と異なり人々に大きな放射能の被害をもたらしている。レベル7（深刻な事故）の出力暴走事故で1～3号機は運転停止した（原子力総合年表編集委員会編［2014］779頁）。

チェルノブイリ原発事故では，メルトダウンの大惨事を引き起こしたが，「米原子力委員会が1965年に行った研究によると，メルトダウンを封じ込める構造物が破壊されると，死者27,000人，重傷者73,000人を出し，物的損害は170億ドルに達するものと推定している。これらの危険性のほとんどすべては，放射能によるものだ」（吉本訳［2011］27頁）といわれている。放射能の被害は，後世まで影響を及ぼすことになるので原子力発電は安全性に問題がある。

注

1 山地憲治氏（東京大学）の試算によると，さらに10兆円のコストが必要という。

2 大島氏によれば，社会的コストとはK・W・カップ氏が提案した「私的企業と社会的費用」で取り上げられた概念といわれる

参考文献

Gale, R.P. and T. Hauser［1988］*The Legacy of Chernobyl*, New York: Warner

Books.（吉本晋一郎訳［2011］『チェルノブイリ』。）
Radkau, J. und L. Hahn［2013］*Aufstieg und Fall der deutschen* Atomwirtshaft 3.（山懸光晶他訳『原子力と人間の歴史』筑地書館。）
今井哲二［2016］「チェルノブイリ原発事故」（http://www.rri.kyoto-u.ac.jp NSRG/chernobyl/Henc.html〔最終閲覧日：2016 年 8 月 26 日〕）。
大島堅一［2011］『原発コスト－エネルギー転換への視点』岩波書店。
大島堅一［2017］「実績値で計算すれば高いコスト，甘い見積りの計算書試算」『エコノミスト』2017 年 2 月 7 日。
角瀬保雄・谷江武士［1999］『東京電力』大月書店。
原子力総合年表編集委員会編［2014］『原子力総合年表』すいれん舎。
経済産業省［2014］『エネルギー白書』。
谷江武士［2017］『東京電力－原発事故の経営分析』学習の友社。
総合資源エネルギー調査会［2004］『バックエンド事業全般にわたるコスト構造，原子力発電全体の収益性等の分析・評価』。
電気事業連合会［2004］「原子燃料サイクルのバックエンド事業コストの見積りについて」
『電気新聞』［2003］2003 年 12 月 18 日。
新潟日報社原発問題特別取材班［2017］『崩れた原発「経済神話」』明石書店。
東京電力・有価証券報告書［2011］2011 年 3 月期。
東京電力・有価証券報告書［2011 ～ 2016］2011 年 3 月期～ 2016 年 3 月期。

（谷江武士）

第6章 東京電力の“実質国有化”と財務構造の分析

本章では東京電力株式会社（以下，東京電力）の“実質国有化”と連結企業集団としての東京電力（以下，東電グループ）の財務構造などについて分析することで，2011年3月11日の福島第一原子力発電所による放射能汚染事故（以下，3.11放射能汚染事故）前後の東京電力の実態を析出することにしたい。

結論を一部先取りしていえば，3.11放射能汚染事故によって，日本だけでなく世界の歴史の上でも重大な損害と影響を引き越したにもかかわらず，東京電力は，その後，原子力損害賠償支援機構（以下，原賠支援機構）を通じた資本増強策によって債務超過を免れながら，総括原価制度や燃料費調整制度などによって収益拡大と利益確保を実現するとともに，借金減らしにより有利子負債の依存度を低減させている。しかしながら，このような状況は，甚大な被害を受けた地域住民の犠牲とともに，電力消費者に対する料金値上げによる負担の上に成り立っている。しかも東京電力の原子力発電を積極的に容認して資本提供してきた株主や債権者などの責任は，十分に果たされていないといえよう[1]。

以下，このような東電グループの財務的な実態などをさらに一瞥することにしたい。

1. 東京電力・福島第一原子力発電所による放射能汚染事故以降の経緯

（1）原子力損害賠償支援機構法と「特別事業計画」

3.11放射能汚染事故以降の東京電力の経緯は，**図表6-1**に示した通りである。3.11放射能汚染事故の5ヶ月後である2011年8月10日に原子力損害賠償支援機構法[2]が施行された。東京電力は，原賠支援機構より資金援助を受けるた

図表 6-1　東京電力・福島第一原子力発電所による放射汚染事故以降の経緯

2011年	3月11日	東北地方太平洋沖地震・津波発生
		原子力災害対策特別措置法第10条事象「所内全交流電源喪失」発生
		原子力災害対策特別措置法第15条事象「非常用炉心冷却装置注水不能」発生
	3月14日～28日	東北地方太平洋沖地震の影響により計画停電を実施
	3月31日	福島原子力被災者支援対策本部を設置
	7月 1日～9月22日	電気事業法第27条による電気の使用制限
	8月10日	原子力損害賠償支援機構法が施行
	10月 3日	「東京電力に関する経営・財務調査委員会（5月24日設置）」が報告書を公表
	11月 4日	「特別事業計画」の認定
	12月 9日	「改革推進のアクションプラン」を公表
	12月21日	福島第一原子力発電所1～4号機の廃止措置等に向けた中長期ロードマップを公表
2012年	4月 1日	自由化部門電気料金値上げ
	5月 9日	「総合特別事業計画」の認定
	6月20日	福島原子力事故調査報告書を公表
	6月27日	委員会設置会社へ移行
	7月31日	原子力損害賠償支援機構による優先株式の引受け
	9月 1日	規制部門電気料金改定（平均8.46％値上げ）
	11月 7日	「再生への経営方針」，「改革集中実施アクション・プラン」を公表
2013年	1月 1日	福島復興本社設置
	4月 1日	社内カンパニー制を導入
		「フュエル＆パワー・カンパニー」「パワーグリッド・カンパニー」「カスタマーサービス・カンパニー」の３つの社内カンパニーを設置
	5月15日	ライフスタイルにあわせた電気料金メニューのサービス開始
	5月15日	「原子力安全監査室」を設置
	3月31日	「東京電力グループ アクション・プラン」を公表
2014年	1月15日	「新・総合特別事業計画」の認定
	4月 1日	「福島第一廃炉推進カンパニー」を設置
	5月22日	関東周辺エリア以外での電力販売に向けて子会社が新電力に登録（テプコカスタマーサービス株式会社）
	10月 7日	中部電力との包括的アライアンスの基本合意書の締結
2015年	4月 1日	「新潟本社」を設置
	4月 1日	「リニューアブルパワー・カンパニー」「経営技術戦略研究所」「ビジネスソリューション・カンパニー」の３つの社内カンパニーを設置
	4月30日	中部電力との合弁会社「株式会社ＪＥＲＡ（ジェラ）」設立
	8月28日	東京電力初のウィンドファーム「東伊豆風力発電所」の営業運転開始（最大出力18,370kW）
2016年	4月 1日	ホールディングカンパニー制移行
		持株会社「東京電力ホールディングス」，燃料・火力事業会社「東京電力フュエル＆パワー」，一般送配電事業会社「東京電力パワーグリッド」，小売事業会社「東京電力エナジーパートナー」に分社化

出所：東京電力ホールディングス「沿革」より筆者加筆修正（http://www.tepco.co.jp/about/corporateinfo/history/index-j.html〔最終閲覧日：2016年8月27日〕）。

めに，同法（第45条第1項）に基づき原賠支援機構と「共同」で「特別事業計画」を作成しなければならなくなった。2011年10月28日の「特別事業計画」（2011年11月4日認定）では，新規採用抑制や希望退職等により2013年度末までに2011年度期首の人員数から連結（東電グループ）で約7,400人，単体（東京電力）で約3,600人の人員削減などの実行も含めて，設備投資計画等の見直し，コスト削減，資産等の売却などの「経営の合理化のための方策」，金融機関や株主などの関係者の協力要請や経営責任の明確化などの方策が計画された（原子力損害賠償支援機構・東京電力［2011a］）。なお，「特別事業計画」は，主務大臣（内閣総理大臣及び経済産業大臣）の認定を受けなければならない。

その後，原子力損害賠償支援機構法は，改正されて原子力損害賠償・廃炉等支援機構法（2014年8月18日施行）[3]となり，原賠支援機構は原子力損害賠償・廃炉等支援機構（以下，原廃支援機構）に改組された。東京電力と原廃支援機構は，前述の民主党政権下の「特別事業計画」，「総合特別事業計画」（2012年4月27日）に次いで，自公政権下に移行してから「新・総合特別事業計画」（2013年12月27日），「新々・総合特別事業計画」（2017年1月15日）を順次「共同」で作成している。これらの「事業計画」に従って，優先株1兆円の発行による増資すなわち“実質国有化”や組織再編ないし事業再編などが東京電力において実施されてきたのである。

(2) 東京電力の事業再編

先に示した**図表6-1**にあるように，その後，東京電力は，2013年4月から導入した「社内カンパニー制」を経て，2016年4月に3つの事業部門を分社化（吸収分割）[4]して「ホールディングカンパニー制」による再編を実施した。この時点で社名は東京電力から東京電力ホールディングス株式会社（以下，東京電力HD）に変更になった。

前述の再編により東京電力HDは，「ホールディングス」（持株会社）になったが，純粋持株会社ではなく，**図表6-2**のように，負の遺産ともいえる原子力発電などのいくつかの事業を営む事業持株会社となっている。この「ホール

図表 6-2　ホールディングカンパニー制の運営体制

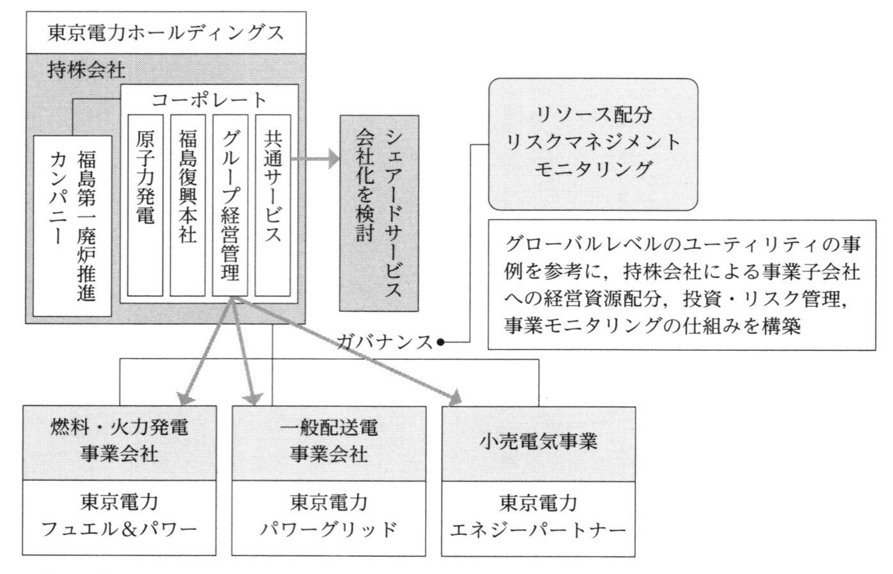

出所：東京電力ホールディングス［2017］151 頁より筆者加筆修正。

ディングカンパニー制」に伴って，①燃料・火力発電事業が東京電力フュエル＆パワーに，②一般送配電事業，不動産賃貸事業及び離島における発電事業が東京電力パワーグリッドに，③小売電気事業，ガス事業等が東京電力エナジーパートナーに株式会社として東京電力からそれぞれ分社化された。また，この再編により，親会社である東京電力 HD と子会社 34 社に加えて，議決権株式の 28.3％～50％を所有されている関連会社 32 社から構成される東京電力 HD の連結企業集団，すなわち東電グループも，東京電力 HD と 3 つの「基幹事業会社」（東京電力フュエル＆パワー，東京電力パワーグリッド，東京電力エナジーパートナー）を中心にして，4 つにセグメント（事業区分）された。すなわち，①ホールディングス，②フュエル＆パワー，③パワーグリッド，④エナジーパートナーである。

以下，この 4 つのセグメントの内容を概観しておこう。

①ホールディングスは，2017 年 3 月期時点で東京電力 HD によるグループの

経営管理，共通サービス，福島復興本社，原子力発電，福島第一廃炉推進カンパニーの事業を中心にして，経営サポート，基幹事業会社への共通サービスの提供，水力発電による電力の販売等を担うことになった。具体的に見ると，このセグメントには子会社である東電不動産（事業所・社宅の賃貸・管理），東京パワーテクノロジー（発電設備等の工事・運転・保守，環境・エネルギー事業，尾瀬地域事業），カナダに所在するテプコ・リソーシズ社（ウランの採掘及び製錬・販売），青森県むつ市に所在するリサイクル燃料貯蔵（原子力発電所から発生する使用済燃料の貯蔵・管理事業），当間高原リゾート（ホテル，ゴルフ場の経営）や関連会社であるユーラスエナジーホールディングス（国内外風力・太陽光発電事業），日本原燃（使用済核燃料の再処理），日本原子力発電（原子力発電による電気の卸供給）など28社の関係会社（子会社と関連会社）が属している。

②フュエル＆パワーは，火力発電による電力の販売，燃料の調達，火力電源の開発，燃料事業への投資を主な事業としている13社の関係会社から構成されている。

③パワーグリッドは，送電・変電・配電による電力の供給，送配電・通信設備の建設・保守，設備土地・建物等の調査・取得・保全などの事業であり，15社の関係会社が属している事業である。

④エナジーパートナーは，顧客への「トータルソリューション」の提案，顧客サービスの提供，「安価な電源調達」を事業としており，12社の関係会社が含まれている。

ところで，日本政府により設置された“第3者組織”である東京電力に関する経営・財務調査委員会では，原子力損害賠償支援機構法の制度趣旨である「国民負担の最小化」および「電力の安定供給の確保」を考慮して，電気事業に不可欠でない事業，電気事業に不可欠であるが他社で代替可能な事業は，経済合理性を確保できる売却価値が実現できることを条件に，原則として売却する方針とされた。また「国民負担の最小化」の観点から将来成長性が見込まれる場合は，その事業の保有を継続することが東京電力の「企業価値の向上」に資するということで継続事業に分類することになった（東京電力に関する経営・財務調査委員会［2011］65頁）。その後，原子力損害賠償支援機構・東京電力［2013］は，「総特に掲げた資産売却目標『2013年度までの3年間に不動産，有価証券，子会社・関連会社7,074億円の売却』については，2013年11月末時点で7,514億円の売却を実現しており，既に目標を達成した」（59頁）と述べている。

ただし，再編後においても，各セグメントに属する関係会社を見ると，自主避難も含めた3.11放射能汚染事故の被害者・被害地域の賠償などが十分なかたちで早急に実施されない状況の中で，未だにホテル・ゴルフ場の経営やカナダに所在するウランの採掘および製錬・販売などの事業が温存されていることがわかる。しかも，3.11放射能汚染事故の慰謝料増額を求めて，地域の生活を破壊された福島県浪江町の7割（1万5,000人）の住民が2013年5月から順次申し立てた裁判外紛争解決手続（ADR）において慰謝料を全員一律に上乗せする和解案を東電は「他の避難者との間で公平性を欠き，影響が大きい」との“理由”をつけて拒絶している（『東京新聞』2018年4月7日）。このような問題があるにもかかわらず，これらの事業が現時点においても，なぜ存続しているかについて具体的で詳細な理由は明らかにされていない。

それでは，東電グループは，なぜ事業再編に踏み切ったのだろうか。新・総合特別事業計画では，「事故対応に必要な『緊張感』が競争への対応に必要な『活力』を強め，『活力』が責任を果たす『緊張感』をさらに高めるという好循環」を作っていくためには，「グループ全体での『責任貫徹』を堅持しつつ，事業分野別にそれぞれの特性に応じた最適な経営戦略（アライアンス戦略，資金調達，事故費用負担，人事方針（キャリアパス・外部人材登用））を適用し，全体の企業価値最大化に貢献することが可能となるような企業形態が求められる」との理由で，すなわち「『責任と競争』の両立」のために「電力システム改革を先取りし，大胆な経営改革で企業価値を向上」させることを目指してホールディングカンパニー制（事業再編）を実施したとしている（原子力損害賠償支援機構・東京電力［2013］10-12頁）。さらに親会社と分割した子会社の合算した経常利益で2017年度～2026年度の10年平均で1,600億円～2,150億円を目指すという（東京電力ホールディングス［2017］）。

しかし，「競争」や「企業価値最大化」（＝利益獲得）のために，柏崎刈羽原子力発電所の再稼動などによって２度目の大事故が生じた場合に東京電力HDは「責任」を取ることはもはやできないであろう。その意味で，「『責任と競争』の両立」は，原発の推進を維持したままでは成り立たないといわざるを得ない。したがって，東電グループの「責任貫徹」こそが事故加害者としての唯一のあるべき姿であり，副次的意味しかもたない「企業価値最大化」や「競争」をいたずらに「責任」と並列すべきではない。なお，「現在の東京電力の経営が見直されなければならなくなっている原因の１つは，二律背反の責任遂行と収益拡大とを同時に遂行しようとすることにある」（桜井［2017］53頁）という指摘がなされている。

さらに，この事業分割により東電グループの経済的支配は親会社である東京電力HDが維持しつつ，法人としての法的権利義務関係は東京電力HDと別法人として分割された子会社とで分離されることになる。そのため，会社分割は，分割前に比してホールディングカンパニー制の下で将来の賠償問題などを完遂する法的条件が東電グループとして適切に担保・履行されるのかという問題を生じさせたといえよう。

(3) 原子力損害賠償支援機構による資本注入と“実質国有化”

3.11放射能汚染事故によって多大な損害を社会や地域の人々に与え，自らも存続の危機に瀕した東京電力は，2012年７月31日に２種類の優先株式（非上場）の発行によって原賠支援機構から払込額総額１兆円の資本注入を受けた。この資本注入によって，東京電力は，“実質国有化”されたといわれた。

２種類の優先株は，A種優先株式（発行額3,200億円，発行済株式数16億株，議決権あり，B種優先株式・普通株式を対価とする取得請求権あり）とB種優先株式（同6,800億円，同3.4億株，議決権なし，A種優先株式・普通株式を対価とする取得請求権あり）である。この発行により，原賠支援機構は，2013年３月期時点で発行済株式所有割合54.69％，発行済株式議決権所有割合50.01％と過半数を超える筆頭株主となり，形式的にも実質的も東京電力の支配株主となった。

この原賠支援機構は，資本金140億円の出資で設立された「特別の法律に基づく認可法人」である。その出資の内訳は，政府出資金としてエネルギー対策特別会計から70億円，民間出資金として原子力事業者等12社（北海道，東北電力，東京電力，中部電力，北陸電力，関西電力，中国電力，四国電力，九州電力，日本原子力発，日本原燃，電源開発）から70億円となっている。

3.11放射能汚染事故の被害者，東京電力HD及び原廃支援機構などの資金の流れは，**図表6-3**の「資金援助スキーム」の流れのようになっている。原廃支援機構自体は，その財源をｉ）前述の140億円の出資金以外に，ⅱ）原廃支援機構の業務に要する費用に充てるために受け取る東京電力も含めた原子力事業者からの一般負担金と，ⅲ）事故を引き起こした東京電力からのみ受け取る特別負担金，ⅳ）政府（エネルギー対策特別会計）からの交付国債償還，ｖ）投資家（金融機関等）からの政府保証の付いた短期借入金と機構債によって主に

図表6-3　資金援助スキーム

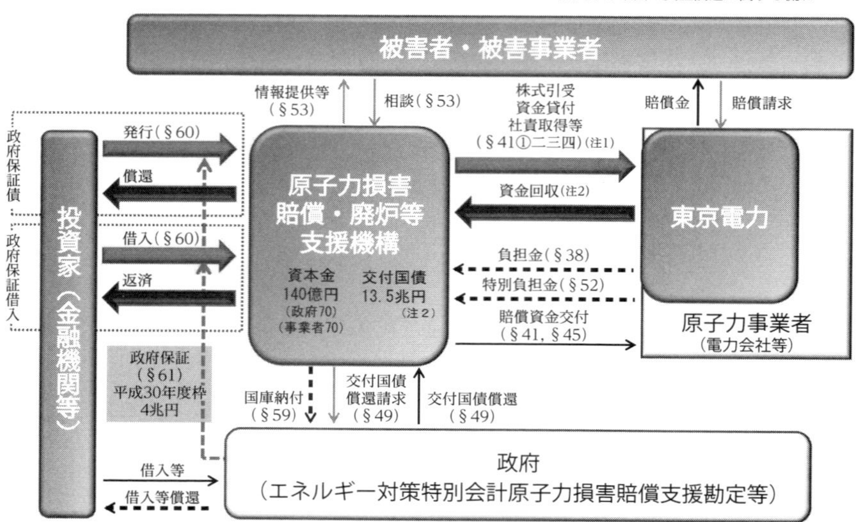

注1：現状では，東京電力が発行する株式の引受けのみ実施。
注2：平成23年度5兆円＋平成26年度4兆円＋平成29年度4.5兆円。
出所：原子力損害賠償・廃炉等支援機構［2018］17頁。

調達している（この借入金等に対する政府保証枠は4兆円である）。これら財源のうち主に交付国債の償還によって現金化されたものが，賠償資金交付のための資金となっている。vi）この他に原子力損害賠償・廃炉等支援機構法第68条で，電気の安定供給や原子炉の運転等の事業に支障を来し，その事業の利用者に著しい負担を及ぼす過大な負担金を定めることで，国民生活・国民経済に重大な支障を生じる恐れがある場合に，政府が原発支援機構に交付する政府交付金などがある。

したがって，3.11 放射能汚染事故を引き起こした東京電力は，原廃支援機構から株式引受・資金貸付・社債取得（現時点では前述の優先株引受のみ）や賠償資金交付（東京電力HDは「原賠・廃炉等支援機構資金交付金」として計上）によって資金（キャッシュ）を提供されている。また，被害者・被害事業者か

図表 6-4　原子力損害賠償・廃炉等支援機構の主要な財源と国庫納付金などの推移

（単位：億円）

		2011年度	2012年度	2013年度	2014年度	2015年度	2016年度	2017年度	合計
期末残高	資本金	140	140	140	140	140	140	140	－
	うち政府出資	70	70	70	70	70	70	70	－
	うち民間出資	70	70	70	70	70	70	70	－
	政府保証付き借入等（政府保証枠4兆円）	－	10,000	10,000	10,000	10,000	10,000	10,000	－
	うち短期借入金	－	7,000	4,000	4,000	4,000	4,000	2,000	－
	うち機構債	－	3,000	6,000	6,000	6,000	6,000	8,000	－
負担金・交付金等	負担金	815	1,008	2,130	2,230	2,330	2,730	2,330	13,573
	うち一般負担金	815	1,008	1,630	1,630	1,630	1,630	1,630	9,973
	うち特別負担金	0	0	500	600	700	1,100	700	3,600
	政府交付金収入の受取額	0	0	0	350	350	350	470	1,520
	交付国債	50,000	－	－	40,000	－	－	45,000	135,000
	国債の償還	6,636	15,677	14,557	10,443	12,127	11,418	9,406	80,264
国庫納付金（＝当期純利益）		800	973	2,098	2,540	2,639	3,043	2,766	14,859

出所：原子力損害賠償・廃炉等支援機構［2018c］14，17頁；原子力損害賠償・廃炉等支援機構［2018a］6-9，19頁より筆者作成。

らみれば，原廃支援機構が東京電力 HD に交付した賠償資金（同機構は「資金交付費の支払額」として計上）を，東京電力を通じて賠償金として受け取るかたちになっている（東京電力 HD は「原子力損害賠償金の支払額」として計上）。

原廃支援機構の財源の推移は，**図表6-4**に示した通りであるが，当初，原賠支援機構が東京電力への資本注入のために民間金融機関（みずほコーポレート銀行[5]）から借り入れた1兆円の短期借入金は，更新されながら一部機構債に振り替えられて，2017年度（2018年3月期）で短期借入金2,000億円，機構債8,000億円になっているが，借入金等の債務合計額は1兆円と変わっていない。したがって，当初，預金等が金融機関から原賠支援機構を通じて東京電力に資本として流れたかたちとなる。加えて一般負担金は，総括原価制度の下，電気料金算定の原価に参入されるので，消費者が最終的に負担していることになる[6]。東京電力 HD から受け取る特別負担金は，当初2年間0円であったが，2013年度の500億円の負担額から徐々に引き上げられて，2017年3月期で1,100億円となったが，2018年3月期には700億円に減額されている。なお，東京電力 HD の一般負担金は，同3月期に567億円であり，特別負担金とともに特別損失ではなく電気事業営業費用の原子力発電費として東京電力 HD では処理されている。

それでは，原廃支援機構から東京電力 HD に渡された資金はどのように回収されるのであろうか。ⅰ）「被災者・被災企業への賠償」は，「東京電力の責任において適切に行う」とされ，賠償金の財源となっている「交付国債の償還費用の元本分」は，東京電力 HD も含めた「原子力事業者の負担金を主な原資として，機構の利益の国庫納付により回収される」仕組みであるという。**図表6-4**にみるように2017年度までに合計で1兆4,859億円が主に消費者負担の電気料金を介して国庫納付されている。また，ⅱ）「実施済み又は現在計画されている除染・中間貯蔵施設事業の費用」も，「事業実施後に，環境省等から東京電力に求償」される。ただし，「機構が保有する東京電力株式を中長期的に，東京電力の経営状況，市場動向等を総合的に勘案しつつ，売却し，それにより生じる利益の国庫納付により，除染費用相当分の回収を図る」ことも念頭に置かれているという。この場合に「売却益に余剰が生じた場合は，中間貯蔵施設費用相当分の回収に用いる。不足が生じた場合は，東京電力等が，除染費用の負担によって電力の安定供給に支障が生じることがないよう，負担金の円滑な返済の在り方について検討する」という枠組みになっている（原子力損害賠償支援機構・東京電力［2013］8-9頁）。

結局，前述の「企業価値最大化」に関連する方策は，電力消費者，地域住民，国民などの負担と引き換えに，事故前から東電株式を所有し続けてきた株主に株式売却益が得られる段階で有利に働き，株主の責任を十全に果たさないで済む結果をもたらす可能性がある仕組みである。

2. “実質国有化”前後における東京電力の財務構造などの変化

（1）連結資産，負債，純資産（資本）の変化

次に東京電力の“実質国有化”前後の財務構造などの変化について，東電グループの連結財務諸表を用いて分析しよう[7]。

まず連結資産，負債，純資産（資本）の変化を図表6-5で概観する。東電グループの資産は，21世紀に入った2001年3月期から放射能汚染事故直前の2010年3月期までに14兆5,622億円から13兆2,039億円となり，傾向的に減少していた。ところが，3.11後の2012年3月期には被災と大事故にもかかわらず，資産は，2010年3月期の金額に対して1.2倍増加して15兆5,364億円（2兆3,325億円の増加）と過去最高額に達した。しかし，その後，資産は再び傾向的に減少して2018年3月期に12兆5,918億円になっている。

次に資金の源泉形態を表す負債と純資産から見ると，東電グループは，2001年3月期から2007年3月期までに負債を12兆5,192億円から10兆4,476億円へと減少させていた。この負債の減少が前述の資産の減少の大きな要因である。一方で純資産は2001年3月期から2007年3月期までに2兆382億円から3兆737億円に増加しているが，この期間に負債の減少の方が大きかったため，資産は減少したことになる。したがって，2007年3月期までに東電グループは

図表 6-5　東電グループの連結資産，負債，純資産の推移

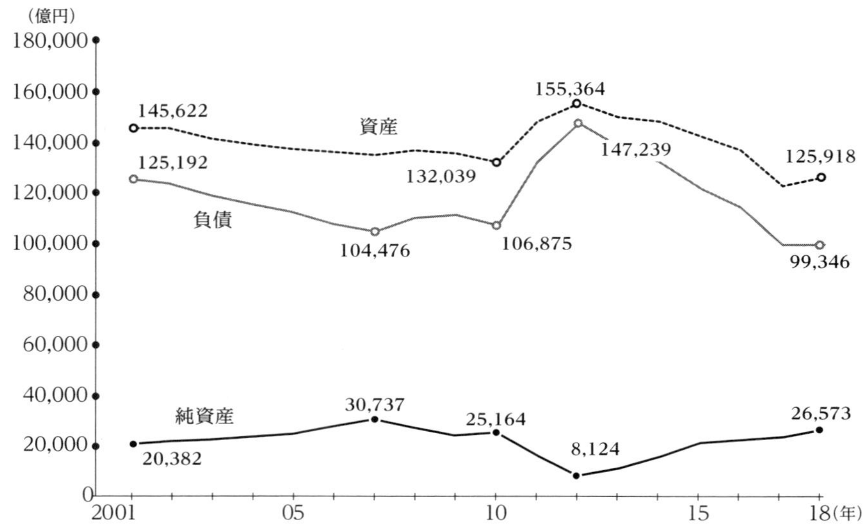

出所：東京電力 HD「ヒストリカルデータ」（http://www.tepco.co.jp/about/ir/financial/historical.html〔最終閲覧日：2017 年 12 月 5 日〕），東京電力 HD『有価証券報告書』各年 3 月期より筆者作成。

資産を使って借金減らしをしながら，かつ純資産を増やしていた。

しかし，その後，3.11 放射能汚染事故を待つまでもなく，2008 年 3 月期から純資産は既に減少していたことがわかる。後述するように柏崎刈羽原子力発電所の停止などが，その原因である。そこに東日本大震災と放射能汚染事故が 2011 年 3 月期に起きて，収益低迷と費用増大により 2012 年 3 月期には純資産はさらに減少して 8,124 億円に縮小した。純資産が縮小する中で，2010 年 3 月から 2012 年 3 月期までに負債を 10 兆 6,875 億円から 14 兆 7,239 億円へと急激に増加させていた。これが 3.11 後の資産拡大の一要因であったことになる。

ところが，その後，負債は削減され，2018 年 3 月期には 3.11 以前の金額すら下回って 9 兆 9,346 億円に縮小している。他方で純資産は，2013 年 3 月期以降，増加して 2018 年 3 月期には 2 兆 6,573 億円に膨れ上がっている。この金額は，21 世紀に入った 18 年間で，2006 年，2007 年，2008 年の 3 月期に次ぐ純資産の大きさとなっている。資産や負債が減少する中で純資産が増加している構図

は，2007年3月期までと同じであるが，**図表6-5**を見るとその資産と負債の減少は2007年3月期までよりもドラスティックに進展していることがわかる。

以下，さらに東電グループの財務状況において3.11放射能汚染事故前後に何が起きたのか，さらに立ち入って分析しよう。

（2）金融資産の変動と電気事業固定資産の減少傾向

前述の2010年3月期から2012年3月期までの資産の増加は，金融資産すなわち流動資産である現金及び預金（7.1倍，1兆1,072億円増）と固定資産である投資その他の資産（1.6倍，1兆3746億円増）が拡大したことによる。この拡大は，2011年3月期における3.11放射能汚染事故前の増資や3.11直後の「燃料費等の増大」を見越した借金により現金及び預金が2兆681億円増加して2兆2,483億円（対前年比12.5倍）になったこと，さらに2012年3月期に投資その他の資産の内訳である未収原子力損害賠償支援機構資金交付金1兆7,627億円が新たに計上されたことが大きな要因である。これに対して，この期間に電気事業固定資産（4,387億円減）や核燃料（576億円減）のような設備資産は1割ほど減少していた。

その後，原賠支援機構から資本注入があった2013年3月期から現金及び預金，投資その他の資産や電気事業固定資産は減少している。この各資産の減少に伴って，資産合計は，2017年3月期までに12兆2,776億円まで縮小する。同期の資産は，3.11前の2010年3月期に対して1割，ピーク時の2012年3月期に対して2割ほど縮小していた。ただし，2018年3月期には純資産の増加により資産は増加している。

なお，新エネルギー等発電設備がわかる単体データを用いて分析すると1971年から計上されてきた原子力発電設備は，ピークである1998年3月期 の1兆6,959億円から減価償却によって減少に転じて2009年3月期に6,438億円まで低下したが，2018年3月期には廃炉・汚染水対策等により8,718億円に増加している（連結では8,675億円となっている）。しかし，2018年3月期の新エネルギー等発電設備は僅か156億円の資産規模でしかない。また，停止している原子力発電を補うために火力発電などの汽力発電設備が，2012年3月期から分社される前の2016年3月期の間に2,306億円増加して1兆807億円となっている。分社化後の2018年3月期に連結（東電グループ）の汽力発電設備は1兆169億円の資産規模となっている。

(3) 原子力損害賠償支援機構による資本注入と債務超過の回避

次に純資産についてさらに分析しよう。**図表6-6**は，“実質国有化”前後と直近の連結および単体の貸借対照表の純資産の主要な勘定科目の金額，構成比及び増減額を示したものである。前述した資本注入により2013年3月期に純資産の部にある資本金と資本剰余金がそれぞれ5,000億円増えて，合計1兆円が原賠支援機構への優先株式の発行によって資金調達されている。これに対して，3.11放射能汚染事故前に1兆8,315億円であった利益剰余金は，2013年3

図表6-6　東電グループの連結・単体における純資産の主要な勘定科目の推移

		2010（平成20）年3月期		2011(平成21）年3月期			2012(平成24）年3月期		
		金額	構成比	金額	構成比	対前年増減額	金額	構成比	対前年増減額
連結	株主資本	25,190	19.1	16,303	11.0	−8,887	8,487	5.5	−7,816
	資本金	6,764	5.1	9,010	6.1	2,245	9,010	5.8	0
	資本剰余金	191	0.1	2,437	1.6	2,245	2,436	1.6	−0
	利益剰余金	18,315	13.9	4,941	3.3	−13,374	−2,875	−1.9	−7,816
	純資産合計	25,165	19.1	16,025	10.8	−9,140	8,125	5.2	−7,900
単体	株主資本	21,769	17.2	12,862	9.0	−8,906	5,278	3.5	−7,584
	資本金	6,764	5.4	9,010	6.3	2,245	9,010	5.9	0
	資本剰余金	191	0.2	2,437	1.7	2,245	2,436	1.6	−0
	利益剰余金	14,887	11.8	1,492	1.0	−13,396	−6,092	−4.0	−7,584
	純資産合計	21,607	17.1	12,648	8.9	−8,958	5,275	3.5	−7,373

注　：構成比は，総資本に対する構成比である。
出所：東京電力及び東京電力HD『有価証券報告書』各年3月期より筆者作成。

月期にマイナス9,728億円と大きく減少している。このマイナスになった利益剰余金により失われた純資産を補填するために1兆円の資本注入がなされ，純資産は総資本（＝負債＋純資産）の7.6％に保たれたことになる。資本注入がない場合には，2013年3月期の連結の純資産は1,378億円となり，総資本の僅か0.9％となる可能性があった。3.11前の2010年3月期の純資産は，2兆5,165億円で総資本の19.1％の厚みをもっていた。

もっとも親会社である東京電力のみの単体の純資産を確認すると，2013年3月期の純資産は約8,317億円であり，東京電力本体への1兆円の資本注入がなければ約1,683億円の債務超過に陥っていたことになる。この原賠支援機構による救済策と後述する金融機関の融資を通じて東京電力は差し当たり財務的に経営破綻を免れることになったのである。

次に2018年3月期の連結純資産を確認すると，2兆6,573億円まで増大している。資本注入を受けた2013年3月期の連結の純資産が1兆1,378億円である

（単位：億円，％）

2013（平成25）年3月期			2017（平成29）年3月期			2018（平成30）年3月期		
金額	構成比	対前年増減額	金額	構成比	対2012年3月期増減額	金額	構成比	対2012年3月期増減額
11,635	7.8	3,147	23,291	19.0	14,803	26,442	21.0	17,955
14,010	9.3	5,000	14,010	11.4	5,000	14,010	11.1	5,000
7,436	5.0	5,000	7,431	6.1	4,995	7,431	5.9	4,995
−9,728	−6.5	−6,853	1,934	1.6	4,809	5,086	4.0	7,961
11,378	7.6	3,253	23,291	19.0	15,166	26,573	21.1	18,448
8,334	5.7	3,056	17,628	16.0	12,350	19,705	21.4	14,427
14,010	9.6	5,000	14,010	12.7	5,000	14,010	15.2	5,000
7,436	5.1	5,000	7,436	6.7	5,000	7,436	8.1	5,000
−13,036	−8.9	−6,944	−3,742	−3.4	2,351	−1,664	−1.8	4,428
8,317	5.7	3,043	17,628	16.0	12,353	19,714	21.4	14,439

から，5年間で1兆5,195億円も増加して2倍以上に膨らんだことになる。さらに公表内部留保である連結の利益剰余金は，2013年3月期にマイナス9,728億円であったが，2016年3月期にマイナスからプラスに転じて，事故を引き起こした当事者である東電グループは2018年3月期に5,086億円の公表内部留保を溜め込んだことがわかる。このことは，5年間で連結の利益剰余金が1兆4,814億円増加したことになる。

ただし，単体の利益剰余金は2018年3月期に未だにマイナス1,664億円となっている。2012年3月期からの5年間で見るとマイナスの利益剰余金を4,428億円減らしている。しかし，最大のマイナスの利益剰余金1兆3,036億円を計上した2013年3月期からの4年間で増減額を計算すると，一部の被害者に対する損害賠償請求の拒絶，国民の税金投入や消費者への料金値上げの中で，1兆1,372億円もマイナスの利益剰余金を減らしていたことがわかる。

図表6-7　東電グループの連結貸借対照表における有利子負債などの推移

	2010年3月期		2011年3月期			2012年3月期		
	金額	構成比	金額	構成比	対前年増減額	金額	構成比	対前年増減額
固定負債	87,694	66.4	113,017	76.4	25,323	123,915	79.8	10,898
①社債	47,396	35.9	44,256	29.9	−3,140	36,775	23.7	−7,481
②長期借入金	16,144	12.2	34,238	23.1	18,094	32,761	21.1	−1,477
流動負債	19,130	14.5	18,750	12.7	−380	23,190	14.9	4,440
③1年以内に期限到来の固定負債	7,476	5.7	7,748	5.2	272	9,325	6.0	1,577
④短期借入金	3,636	2.8	4,062	2.7	426	4,418	2.8	355
負債合計	106,875	80.9	131,879	89.2	25,004	147,240	94.8	15,361
有利子負債（＝①＋②＋③＋④）	74,653	56.5	90,304	61.1	15,652	83,278	53.6	−7,026
支払利息	1,341	2.67	1,279	2.38	−61	1,299	2.43	20

注　：負債の構成比は総資本に対する構成比，支払利息の構成比は営業収益に対する構成比である。
出所：東京電力及び東京電力HD『有価証券報告書』各年3月期より筆者作成。

（4）有利子負債の変化と大株主および債権者としての金融機関等の動向

さらに**図表 6-7** を用いて連結貸借対照表の負債に眼を向けると，2010 年 3 月期の固定負債に表示されている長期借入金 1 兆 6,144 億円は，翌年の 3.11 放射能汚染事故が起きた決算期である 2011 年 3 月期に 3 兆 4,238 億円に膨らみ，1 兆 8,094 億円増加している。このため総資本に占める長期借入金の構成比すなわち長期借入金の依存度は，2010 年 3 月期の 12.2%から翌年には 23.1%に上昇した。この長期借入金と社債を加えた長期の有利子負債は，同期間に 6 兆 3,540 億円（構成比 48.1%）から 7 兆 8,494 億円（同 53.1%）になり，1 兆 4,954 億円増加したことになる。これが前述の負債の主要な増加要因である。

（単位：億円，％）

2013年３月期			2017年３月期			2018年３月期		
金額	構成比	対前年増減額	金額	構成比	対2011年3月期増減額	金額	構成比	対2011年3月期増減額
118,043	78.8	−5,872	61,180	49.8	−51,837	52,743	41.9	−60,274
37,681	25.1	906	17,062	13.9	−27,194	13,778	10.9	−30,477
30,249	20.2	−2,512	17,126	13.9	−17,112	13,073	10.4	−21,164
20,423	13.6	−2,767	38,043	31.0	19,293	46,528	37.0	27,778
11,272	7.5	1,947	17,800	14.5	10,052	18,245	14.5	10,497
112	0.1	−4,305	8,602	7.0	4,539	15,813	12.6	11,750
138,513	92.4	−8,727	99,289	80.9	−32,590	99,346	78.9	−32,533
79,314	52.9	−3,964	60,589	49.3	−29,715	60,909	48.4	−29,395
1,200	2.01	−99	756	0.01	−523	632	0.01	−667

これに流動負債にある1年以内に期限到来の固定負債と短期借入金を加えた長短の有利子負債[8]は，2010年3月期から3.11放射能汚染事故直後の2011年3月期までに7兆4,653億円から9兆304億円に膨らみ，ピークに達した。東電グループは，この増加した1兆5,652億円を金融機関などから新たに資金調達していたことになる。東京電力によると，この有利子負債の増加を火力発電などの「燃料費等の増大が見込まれたため」と説明しており，これにより総資本に占める長短の有利子負債の構成比すなわち依存度は，56.5%から61.1%に上昇した[9]。

このように1兆5,000億円を超える有利子負債を増加させた東京電力であるが，翌年の2012年3月期には，長短の有利子負債の残高が8兆3,278億円に低下しており，前年の9兆304億円から7,026億円を返済している。2012年3月期の構成比は，3.11放射能汚染事故直前の2010年3月期の56.5%と比べても53.6%に圧縮されている。続く2013年3月期の長短の有利子負債の残高は7兆9,314億円に低下して，3,964億円減少している。これにより同期の構成比は，さらに52.9%に下がっており，長短の有利子負債の依存度は3.11放射能汚染事故以前よりも下回ることになった。

2012年3月期と2013年3月期の間の長短の有利子負債の減少額の累計は，1兆990億円（＝2012年3月期の減少7,026億円＋2013年3月期の減少3,964億円）である。これは，2010年3月期に東京電力が金融機関などから調達した正味の長期有利子負債1兆4,954億円に対して73.5%に相当する。これを言い換えれば，原賠支援機構から債務超過を回避するために資本注入された1兆円相当額を上回る金額が債務の返済として東電グループの外に2年間で出て行ったことになる。

さらに2018年3月期に長短の有利子負債は6兆909億円に減少しており（ただし，対前年比320億円増加），有利負債がピークに達した2011年3月期の9兆304億円に対して3兆円に近い2兆9,395億円が返済されたことになる。この間に有利子負債の依存度は61.1%から48.4%に低下している。そのため支払利息の負担も2010年3月期に対して2018年3月期に1,341億円からその半分以下の632億円まで減っている。営業収益に占める支払利息の比率は，同期間に2.67%から0.01%にまで低下して利子負担を軽減させている。

次に東京電力および東京電力HDの10大株主の変遷と長期借入金の主要な借入先の推移を**図表6-8**と**図表6-9**で示しておく。これら図表から3.11事故前の2010年3月期に金融機関，すなわち三井住友銀行，みずほ銀行（旧，みずほコーポレート銀行），三菱東京FUJ銀行（現，三菱UFJ銀行），第一生命，日本生命などが，東京電力の大株主であり，かつ主要な債権者であったことがわかる。特に同年3月期で発行済株式数の所有割合が3割近くに上る10大株主は，原発を推進してきた東京電力の主要な資本提供者であり，これらが原発推進を容認してきたのであり，その責任は極めて重いといわなければならない。3.11事故で多大な損害を出したにもかかわらず，そのような株主の責任が法形式上有限責任に限定され，破綻処理もされずに問われないとすれば，それは極めて不条理な状況が惹起していることになろう。さらにこれら金融機関は債権者としても東電グループに資金供給をしてきた当事者である。なお，第一生命は，3.11放射能汚染事故後に10大株主及び長期借入金の主要な借入先から姿を消している。日本生命も主要な借入先ではなくなるとともに，2017年3月期までに半数の株式を処分して10大株主で3位から9位になっている。これに対して東京電力従業員持株会が株式数を2.5倍ほど増加させており，3.11放射能汚染事故以後に10大株主で2～3位に浮上している。

特に**図表6-7**に示した長期借入金については，**図表6-9**と照らし合わせると3.11放射能汚染事故後に都市銀行などが2013年3月期まで貸付額の「復元」[10]や更新も含めて東電グループに資金供給していたことがわかる。2011年3月期時点で長期借入金への貸付額が最も大きい金融機関は，前年から6,476億円増えた三井住友銀行（7,695億円）であり，三菱東京UFI銀行（3,490億円）の2倍を超える貸付を行っていた。みずほコーポレート銀行も同年3月期に5,000億円増加，三菱東京UFJ銀行も新たに3,490億円貸し付けて，これら3大銀行は前年首位であった政策投資銀行を上回る貸し付けを行って東京電力の破綻を回避した。東京電力の破綻を避けることは，これら金融機関にとって大株主として所有している株式の損失と貸付金などの貸倒リスクを自から回避するために重要な意味をもっていたといえよう。

図表 6-8　東京電力及び東京電力 HD の上位 10 位大株主の変動

氏名又は名称	2010年3月期			2011年3月期			2012年3月期		
	順位	所有株式数（千株）	所有株式数割合(%)[1]	順位	所有株式数（千株）	所有株式数割合(%)[1]	順位	所有株式数（千株）	所有株式数割合(%)[1]
日本トラスティ・サービス信託銀行株式会社（信託口）	1	60,489	4.47	1	57,963	3.61	7	27,770	1.73
第一生命保険相互会社	2	55,001	4.07	2	55,001	3.42	4	35,600	2.22
日本生命保険相互会社	3	52,800	3.90	3	52,800	3.29	5	35,200	2.19
日本マスタートラスト信託銀行株式会社（信託口）	4	51,557	3.81	4	47,949	2.98	6	29,802	1.85
東京都	5	42,676	3.15	5	42,676	2.66	1	42,676	2.66
株式会社三井住友銀行	6	35,927	2.66	6	35,927	2.24	3	35,927	2.24
みずほ銀行[2]	7	23,791	1.76	9	23,791	1.48	8	23,791	1.48
東京電力従業員持株会	8	20,620	1.52	7	24,793	1.54	2	38,398	2.39
日本トラスティ・サービス信託銀行株式会社（信託口４）	9	13,925	1.03						
株式会社三菱東京ＵＦＪ銀行	10	13,239	0.98						
SSBT OD05 OMNIBUS ACCOUNT-TREATY CLIENTS (常任代理人　香港上海銀行　東京支店) 338 PITT STREET SYDNEY NSW 2000 AUSTRALIA				8	24,087	1.50	9	17,935	1.12
ザ　チェース　マンハッタン　バンク　エヌエイ　ロンドン　エス　エル　オムニバス　アカウント (常任代理人　株式会社みずほコーポレート銀行決済営業部) WOOLGATE HOUSE, COLEMAN STREET LONDON EC2P 2HD, ENGLAND				10	22,267	1.39			
ステート　ストリート　バンク　ウェスト　クライアント　トリーティー(常任代理人　株式会社みずほコーポレート銀行決済営業部) 1776 HERITAGE DRIVE, NORTH QUINCY, MA 02171, U.S.A.							10	12,458	0.78
原子力損害賠償・廃炉等支援機構									
日本トラスティ・サービス信託銀行株式会社（信託口１）									
日本トラスティ・サービス信託銀行株式会社（信託口６）									
日本トラスティ・サービス信託銀行株式会社（信託口５）									
日本トラスティ・サービス信託銀行株式会社（信託口９）									
計		370,029	27.35		387,257	24.1		299,561	18.64

注 1）：所有株式数割合は，「発行済株式総数に対する所有株式数の割合」である。所有議決権数割合は，「総株主の議決権に対する所有議決権数の割合」である。2014 年 3 月期以降の「所有株式数割合（%）」は普通株式，A 種優先株式及び B 種優先株式の株式数に対する割合であり，「所有議決権数割合（%）」は普通株式及び A 優先株式の議決権数に対する割合である。

2013年3月期			2014年3月期					2017年3月期				
順位	所有株式数(千株)	所有株式数割合(%)[1]	順位	所有株式数(千株)	所有株式数割合(%)[1]	所有議決権数(個)	所有議決権数割合(%)[1]	順位	所有株式数(千株)	所有株式数割合(%)[1]	所有議決権数(個)	所有議決権数割合(%)[1]
5	33,184	0.94	8	22,154	0.62	221,547	0.69	4	46,758	1.32	467,585	1.46
6	26,400	0.74	6	26,400	0.74	264,005	0.83	9	26,400	0.74	264,005	0.83
8	22,667	0.64	4	36,261	1.02	362,612	1.14	2	53,964	1.52	539,647	1.69
3	42,676	1.2	3	42,676	1.2	426,767	1.34	5	42,676	1.2	426,767	1.34
4	35,927	1.01	5	35,927	1.01	359,275	1.12	6	35,927	1.01	359,275	1.12
7	23,791	0.67	7	23,791	0.67	237,911	0.74	10	23,791	0.67	237,911	0.74
2	49,670	1.4	2	47,517	1.34	475,173	1.49	3	49,314	1.39	493,145	1.54
9	15,657	0.44										
1	1,940,000	54.69	1	1,940,000	54.69	16,000,000	50.1	1	1,940,000	54.69	16,000,000	50.1
10	15,182	0.43										
			9	17,685	0.5	176,854	0.55					
			10	17,663	0.5	176,635	0.55	7	31,162	0.88	311,624	0.98
								8	29,218	0.82	292,182	0.91
	2,205,157	62.17		2,210,078	62.31	18,700,779	58.56		2,279,214	64.26	19,392,141	60.72

注 2)：2013 年 7 月以前は，みずほコーポレート銀行である。その後，同行が，みずほ銀行を吸収合併し，社名をみずほ銀行に変更している。
出所：東京電力及び東京電力 HD『有価証券報告書』各年 3 月期より筆者作成。

図表 6-9　東京電力（単体）における長期借入金における主要な借入先の推移

（単位：億円）

	2010（平成22）年3月期	2011（平成23）年3月期	2012（平成24）年3月期	2013（平成25）年3月期	増減額（2013年−2010年）
株式会社日本政策投資銀行	3,511	3,175	3,736	4,168	657
日本生命保険相互会社	1,407	−	−	−	−1,407
第一生命保険相互会社	1,263	−	−	−	−1,263
株式会社三井住友銀行	1,219	7,695	7,695	6,995	5,776
株式会社みずほコーポレート銀行	818	5,818	5,300	5,300	4,482
株式会社三菱東京ＵＦＪ銀行	−	3,490	3,490	3,340	3,490
三菱ＵＦＪ信託銀行株式会社	−	2,035	1,931	2,910	2,035
その他	6,445	10,588	10,012	7,091	646
計	14,664	32,802	32,164	29,804	15,141

注１：１年以内に返済すべき金額は除かれている。
注２：主要な借入先のデータを記載していた単体の「主要な資産及び負債の内容」は，2014 年３月期から「連結財務諸表を作成しているため，記載を省略している」という理由でが開示されなくなった。
出所：東京電力『有価証券報告書』各年３月期より筆者作成。

3. 東電グループの収益性と電力消費者の負担

（1）営業収益および営業費用の推移と消費者負担

次に東電グループの連結損益計算書を分析しよう。**図表 6-10** は 2001 年 3 月期からの連結損益計算書の主要な勘定科目の推移である。これにより東電グループの営業収益や利益などの状況を概観したい。

東電グループの営業収益は，経済の状況に連動して，IT バブルが崩壊した 2001 年３月期から減少した後に，景気回復の実感無き戦後最長の好景気（「い

図表 6-10　連結損益計算書の主要項目の推移

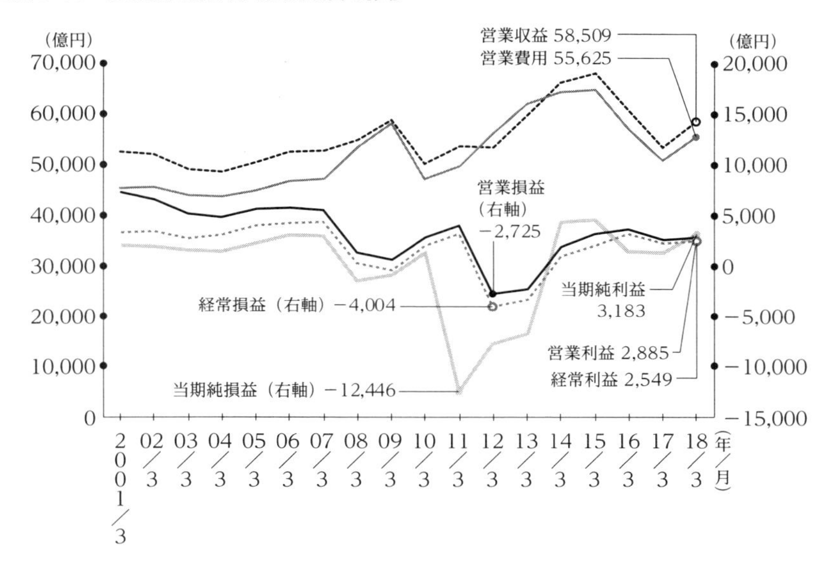

出所：東京電力 HD「ヒストリカルデータ」(http://www.tepco.co.jp/about/ir/financial/historical.html〔最終閲覧日：2017 年 12 月 5 日〕)；東京電力及び東京電力 HD『有価証券報告書』各年 3 月期より筆者作成。

ざなみ景気」）を反映して 2005 年 3 月期からリーマンショックが起きた 2009 年 3 月期まで上昇している。このリーマンショック以降に 3.11 放射能汚染事故が起きたわけであるが，過酷事故を引き起こしたにもかかわらず，東電グループの営業収益は 2012 年 3 月期に消費者の節電の努力で落ち込んだ以外は 2015 年 3 月期まで右肩上がりに成長して，2015 年 3 月期には過去最高の 6 兆 8,024 億円を計上している。それでは東京電力 HD の販売電力量は上昇しているのだろうか。販売電力量は，2007 年度の 2,974 億 kWh をピークにそれ以降傾向的に減少して 2016 年度には 2,415 億 kWh（ピーク時の約 8 割）となり，559 億 kWh も減少している。したがって，この営業収益の上昇は，「原子力発電所の停止等に伴う燃料費の増加」を理由とした 2012 年 4 月 1 日の「自由料金」値上げと同年 9 月 1 日の総括原価制度による「規制料金」値上げに加えて，燃料価格や為替レートの影響を料金に反映させる燃料費調整制度[11]の下で電力消費者の負担によって確保されたものである。但し，2016年3月期と2017年3月期の営業収益の減少は，燃料費調整制度により電気料収入単価が低下したことが一因であるが，特に2016年3月期は，これに加えて，特定規模需要（供給電圧が高圧以上の顧客）の減少や暖冬による暖房需要の減少が影響した。

これに対して営業費用は，営業収益と同じように3.11放射能汚染事故からピークに達した2015年3月期（6兆4,859億円）まで上昇している。これは，最悪のタイミングで2012年12月に安倍政権が誕生して燃料費との関係で円安を進行させたことに加えて，長期契約のLNGが市場価格より割高となっていたにもかかわらず，3.11事故によりLNGによる火力発電の比重が増大したことが大きく起因している（総合資源エネルギー調査会総合部会電気料金審査専門委員会［2012］29-30頁）。このために2012年3月期と2013年3月期に営業費用が営業収益を上回っている。

2016年月期以降は，営業費用は減少している。これは，原油安等と「合理化」が進展したためであり，さらに2017年3月期は，これに加えて円高傾向が功を奏したことに関係してる。

(2) 東電グループの業績の変化と収益性の回復

以上の要因により営業損益，経常損益，当期純損益ともに2014年3月期以降，黒字に転換している。2016年3月期には営業利益3,722億円，経常利益3.259億円となり，3.11放射能汚染事故前の2010年3月期の営業利益2,844億円，経常利益2,043億円を上回っている。また，2014年3月期と2015年3月期は，経常利益を超える当期純利益を計上しているが，これは原賠・廃炉等支援機構資金交付金（特別利益）が原子力損害賠償金（特別損失）をおおよそ2,700億円上回って計上されたことによる。特に，東電グループは，3.11放射能汚染事故を待つまでもなく，2008年3月期と2009年3月期に2007年7月16日の新潟県中越沖地震による柏崎刈羽原子力発電所の停止とその復旧費用などに加え，景気悪化により既に当期純損益は赤字に陥っていた。さらに，2009年3月期には経常損益も赤字となっていた。

いずれにしろ，電力会社の営業収益は，販売電力量の減少傾向にもかかわらず，総括原価制度や燃料費調整制度などによる料金値上げを通じて増加しており，そのことにより利益を確保しているのである。このように消費者から徴収する営業収益の増加がなければ，「合理化」などの発電コストの減少だけでは原発の問題を抱えながら利益を十分に確保することはできないといえよう。

次に経常損益ROA（＝経常損益／資産合計× 100），当期純損益ROA（＝当期純損益／資産合計× 100），ROE（＝当期純損益／純資産× 100）で収益性を分析すると，2018年3月期はそれぞれ2.02%，2.53%，11.98%であり，少なくとも3.11直前の2010年3月期の1.55%，1.03%，5.43%を上回る収益性を確保している。この3つの指標が2010年3月期を上回るのは，2016年3月期から継続している。

なお，東電グループの現金及び現金同等物の期末残高は，3.11放射能汚染事故前は，2008年9月のリーマンショックを除いて，2,000億円を超えることはなかった。しかし，3.11放射能汚染事故の起こった2011年3月期以降の7年間で2兆2,062億円（2011年3月期）から1兆1,844億円（2018年3月期）の範囲で推移しており，傾向的に徐々に低下しているとはいえ，年平均で約1兆円を超える水準となっている。これは2010年3月期以前に対して10倍のキャッシュを保有していることになる。

4. おわりに：東京電力HDの財務的な課題

東京電力は，放射能汚染事故以降，事業再編して東京電力HDとなり「『責任と競争』の両立」の下で「企業価値最大化」（＝利益獲得）を目指している。この事故直後に大株主であり債権者である金融機関による資金供給や原賠支援機構からの資本注入により，赤字を計上しつつも破綻を免れた。しかし，その後，電力消費者への料金値上げによって収益と利益を増大させて以前にも増して収益性を高めるとともに，責任が問われるべき大株主である金融機関に対する債務を着実に返済しながら，かつキャッシュも増大さて実質内部留保を蓄積してきている。これが，事故後の東電グループの実態といえよう。しかも地域住民に対する賠償逃れともいうべき問題が起きている一方で，原発再稼働で資金が足りない日本原子力発電へ東京電力 HD が支援する方針が明らかになっている（『東京新聞』2018 年 4 月 6 日）。

「『責任』と『競争』の両立」における「企業価値の向上」に向かう東電グループが賠償の軽視と次の事故を招きかねない原発再稼働や日本原子力発電への支援を含めてこのような方向へ突き進むことは，政府と一緒に原発を推進してきた事故当事者である東京電力 HD の最も重要で根本的な使命である責任貫徹と相容れないといえよう。また，被害者や消費者とは対照的に，着実に債務の返済を受けており，東電グループの「企業価値の向上」の恩恵を直接享受することになる大株主でありかつ債権者である金融機関は，その責任の重さとは不釣り合いにリスクを回避しており，原発推進を推進してきた東京電力の主要な利害関係者として，その責任がさらに問われる必要があるといえよう。

消費者負担による収益性の拡大や内部留保を増やして原発推進に資金を投じるのではなく，地域住民の賠償に迅速に応じて責任を果たすことが東電グループの財務的に進まなければならない道であろう。

注

1 もちろん，原発事故による問題は，東京電力の株主（特に大株主）や債権者のみならず，原発を推進あるいは容認してきたすべての組織や人々，すなわち，政府（特に経済産業省，文部科学省（旧，科学技術庁），経営者，労働組合，そして自治体も含めた一部の地域住民や消費者も何らかの責任があるといえよう。

2 原子力損害賠償支援機構法の第 1 条では，原子力損害賠償支援機構は，原子力損害の賠償に関する法律の規定により原子力事業者が賠償の責めに任ずべき額が「賠償措置額」を超える原子力損害が生じた場合において，その原子力事業者が損害を賠償するために必要な資金の交付その他の業務を行うことにより，原子力損害の賠償の迅速かつ適切な実施及び電気の安定供給その他の原子炉の運転等に係る事業の円滑な運営の確保を図り，もって国民生活の安定向上及び国民経済の健全な発展に資することを目的するとしている。

ここでは，「その他の原子炉の運転等に係る事業の円滑な運営の確保」が明記されており，損害賠償支援だけでなく，原子炉の「円滑な運営の確保」までが明記されている。

3 原子力損害賠償・廃炉等支援機構法の第1条では，原子力損害賠償支援機構法に「廃炉等の適切かつ着実な実施の確保」などの廃炉支援が加えられた。

4 吸収分割とは会社法第2条第29号において「株式会社又は合同会社がその事業に関して有する権利義務の全部又は一部を分割後他の会社に承継させることをいう」と規定されている。

5 桜井［2017］54頁によれば，「みずほコーポレート銀行からの全額借り入れ」であったという。なお，みずほコーポレート銀行は，現在，合併してみずほ銀行となっている。

6 山口［2015］10頁および「みなし小売電気事業者特定小売供給約款料金算定規則」（平成二十八年経済産業省令第二十三号）。

7 谷江［2017］，金森［2016］は，主に東京電力すなわち単体財務諸表を中心に用いているが，ここでは企業集団としての東電グループすなわち連結財務諸表を中心に分析する。

8 東京電力の連結貸借対照表ではCP（コマーシャルペーパー）は把握できない。

9 なお，連結貸借対照表からは明確に確認できないが，東京電力［2010］『有価証券報告書』3月期によれば，「有利子負債残高が前連結会計年度末に比べ1兆5,001億円増加した」（22頁）と報告している。

10 東京電力は，3.11の事故後，すべての取引金融機関から借入金の借換等と通貨融資を受けることになったが，2011年3月～9月の半年間に大株主である主力取引金融機関は債権の返済を受けていた。そこで特別事業計画により，東京電力は，2011年3月11から9月末まで金融機関から返済額と同等額の融資などの資金供与を受けた。これを「復元」という。

11 燃料費調整制度は，「燃料価格や為替レートの影響を外部化することにより，事業者の経営効率化の成果を明確にし，経済情勢の変化をできる限り迅速に料金に反映させると同時に，事業者の経営環境の安定を図ることを目的とし，平成8年1月に導入」（経済産業省・資源エネルギー庁［n.d.］）されたという。

参考文献

経済産業省・資源エネルギー庁［n.d.］「燃料調整費制度について」（http://www.enecho.meti.go.jp/category/electricity_and_gas/electric/fee/fuel_cost_adjustment_001/〔最終閲覧日：2018年8月4日〕）。

金森絵里［2016］『原子力発電と会計制度』中央経済社。

原子力損害賠償支援機構・東京電力［2011a］「特別事業計画」10月28日。

原子力損害賠償支援機構・東京電力［2011b］「東京電力に関する経営・財務調査委員会報告書を踏まえた経営合理化策等の対処方針」10月28日。

原子力損害賠償支援機構・東京電力［2013］「新・総合特別事業計画」12月27日。

原子力損害賠償・廃炉等支援機構［2018a］「平成29事業年度 事業報告書」3月期。

原子力損害賠償・廃炉等支援機構［2018b］「平成29事業年度 財務諸表」。

原子力損害賠償・廃炉等支援機構［2018c］「原子力損害賠償・廃炉等支援機構説明資料」7月。
桜井徹［2017］「福島原発事故後における東京電力のガバナンス―誰のために経営されているか―」日本比較経営学会編『比較経営研究　原発問題と市民社会の論理』第41号，文理閣。
総合資源エネルギー調査会総合部会電気料金審査専門委員会［2012］「東京電力株式会社の供給約款変更認可申請に係る 査定方針案」7月5日。
谷江武士［2017］『東京電力―原発事故の経営分析』学習の友社。
東京電力に関する経営・財務調査委員会［2011］「委員会報告」10月3日。
東京電力ホールディングス［2017］「新々・総合特別事業計画（第三次計画）に関連する参考資料」
鳥居陽介［2016］「大株主としての『信託口』―その仕組みと位置付け―」『証券経済学会年報』第51号7月，49-60頁。
山口聡［2015］「東電支援をめぐる問題」『調査と情報』国立国会図書館，第859号，1-13頁。

付記：本章は，日本大学「平成27年度・平成28年度商学部研究費（共同研究）」（「原発の会計―総括原価方式の問題点と今後のエネルギー政策の方向性」）の研究成果の一部である。

（田村八十一）

第7章 日本原燃と日本原子力発電の分析

1．破綻する核燃料リサイクルと日本原燃[1]

（1）核燃料リサイクルと日本原燃の沿革

原子力発電は，他の発電方法と異なり，事故による膨大なリスクを有するということに加えて，いわゆる核のゴミ，すなわち使用済核燃料や設備を処分し，10万年を超える半永久的ともいえる管理をしなければならない極めて深刻な問題を抱える発電方式である。この使用済核燃料について，日本政府と電力会社は，「原子燃料サイクル」と称して，使用済核燃料から毒性の強い危険なプルトニウムなどを抽出する再処理を中心とした方法を採用しており，世界的に主流である直接処分（ワンスルー方式）の方針をとっていない（原子力資料情報室［2013］210頁）。

この再処理で日本は「全量即時再処理」を基本としてきたが，現在のところ再処理を大規模に実施している国は，世界的にフランスだけである。しかもフランスでも「全量再処理の能力はなく，大量の使用済核燃料が滞留しており，その多くが将来的に直接処分される可能性がある」（吉岡［2012］187頁）という。後述するように技術的な困難性とコストの側面などからも実質的に破綻しているといってよい「原子燃料リサイクル」計画を推し進めるために，その一翼を担っている企業が日本原燃株式会社（以下，日本原燃）である。

日本原燃は，1980（昭和55）年に電力業界が中心となって商業用使用済核燃料の再処理事業を行うために東京都に日本原燃サービス株式会社を設立したことに始まる。その後，ウラン濃縮と低レベル放射性廃棄物埋設事業を行うために1988（昭和63）年に日本原燃産業株式会社が同じく電力業界を中心にして東京に設立された。1992（平成4）年に両社は合併して現在の日本原燃となり，本店所在地を青森県青森市に移した。2003（平成15）年1月に本店所在地は，青森県上北郡六ヶ所村に変更されて今日に至っている。

この間，1992年3月にウラン濃縮工場の操業，同年12月に低レベル放射性廃棄物埋設センターの操業，1999年12月に再処理事業の「操業」（実質的に使用済燃料の受入れ）を開始している。しかし，周知のように日本原燃は，燃料プール水や高レベル廃液の漏えい事故，高レベル廃液ガラス固化設備の不具合などさまざまなトラブルを抱え続けてきており（谷江［2014］188頁），2018年3月現在でも本格的に青森県六ヶ所村の再処理工場は稼動していない状態にある。さらに2017年に年間720時間を超えて時間外労働を行わせるなどで労働基準監督署から是正勧告を受けるなど適切な経営もできていない。

なお，日本原燃も他の原子力発電所と同様に自治体への補助金・交付金，税金及び雇用などと引き換えに立地が維持されており，日本原燃及びその関係会社などが六ヶ所村の「雇用の受け皿」として機能している側面がある。2018年3月期の『会社概況書』によると同期末の日本原燃の従業員数は2,535人であり，最も人員の多い事業は再処理事業1,527人となっている。但し，日本原然のホームページでは2018年4月1日時点で従業員数2,744名として開示されているが，そのうち青森県出身者は1,734名となっており，従業員数に対する同県出身者の割合は63.2％に上っている（日本原燃［2018a］）。

（2）日本原燃の取引関係，資本関係，人的関係の実態

図表7-1を見ると日本原燃は，主に5事業，すなわち①ウラン濃縮事業，②再処理事業（原子力発電所等から生ずる使用済燃料の再処理），③廃棄物管理事業（海外再処理に伴う廃棄物の一時保管），④廃棄物埋設事業（低レベル放射性廃棄物の埋設），⑤MOX燃料製造事業（混合酸化物燃料の製造）を中心に構成されている。後述するように取引関係で見ると，この5事業の主な顧客自体が実質的に10大株主の電力会社（原子力発電事業者）であるという特異な性格

を有する。

ただし，**図表7-1**では，電力会社の他に新たな「顧客」として使用済燃料再処理機構（以下，NuRO）が2017年3月期に登場している。NuROは，「原子力発電における使用済燃料の再処理等の実施に関する法律」（再処理等拠出金法）によって2016年10月3日に設立され，「使用済燃料の再処理等」について，原子力発電事業者からの「拠出金の収納」を主な業務とする組織である（使用済

図表7-1　日本原燃の事業系統図

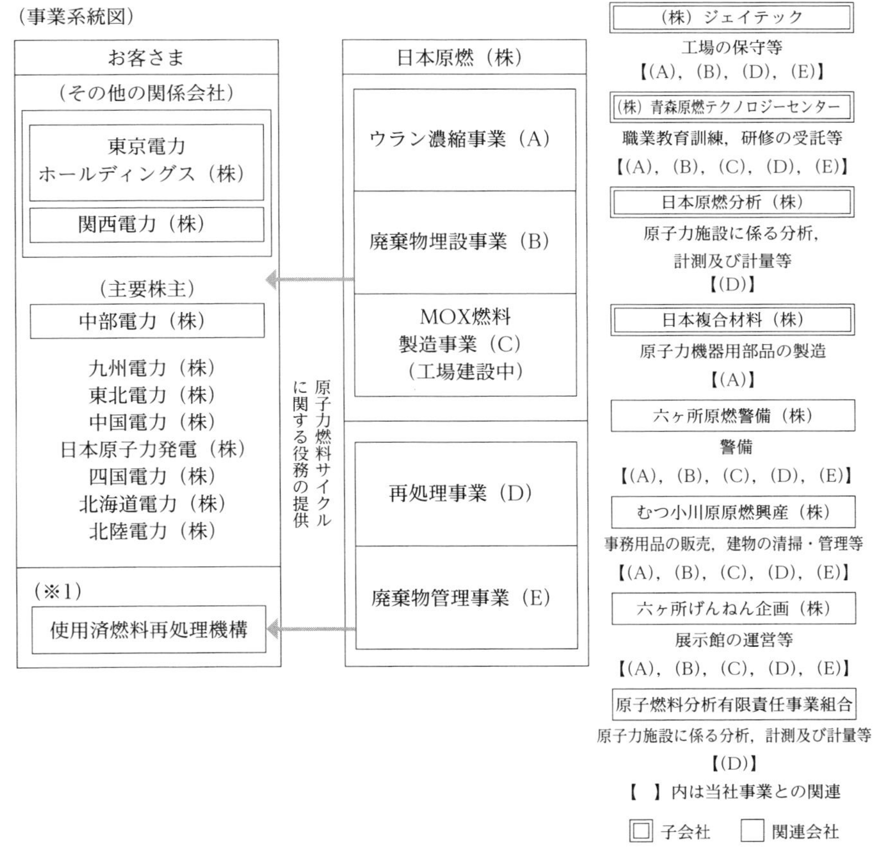

注　:「使用済燃料再処理機構」から，再処理事業および廃棄物管理事業に関する業務を受託している。
出所：日本原燃［2018b］。

燃料再処理機構［n. d.］）。そして，再処理事業や廃棄物管理事業は，NuROを介して日本原燃が受託するかたちになった（資源エネルギー庁［2016a］；資源エネルギー庁［2016b］）。

ところで日本原燃は，2010年3月期まで『有価証券報告書』を作成していたが，第3者割当増資をした2011年3月期から金融商品取引法第24条第1項ただし書の適用により，『有価証券報告書』の提出義務を免除された。そこで『会社概況書』という自主開示に変更したが，『有価証券報告書』に比べて同概況書は開示内容を減らしている。この点は，一国のエネルギー政策にかかわる企業だけに透明性の観点から問題であるといわざるを得ない。しかも原子力産業は，これまで隠蔽体質が極めて高い産業であることを考えれば，少なくとも従来の『有価証券報告書』と同等の情報を積極的に開示すべきであり，情報開示の後退は慎まなければならないであろう。

次に資本関係を最後の『有価証券報告書』である2010年3月期によって確認すると，日本原燃の株主数は87人であったことがわかる。その内訳は，金融機関22（所有株式数の割合10.37％），その他の法人65（同89.63％）で構成されていた。その他の法人のうち原子力発電事業者10社すなわち電力9社と日本原子力発電が10大株主となっており，これら原子力発電事業者の日本原然に対する株式所有割合の合計は74.97％であった。筆頭株主である東京電力を始めとする10大株主の株式所有割合と債務保証の同年3月期における内訳などは，**図表7-2**の通りである。さらに，2011年3月期における持株比率と債務保証を電力会社側の『有価証券報告書』から確認してみると，第三者割当増資を行った2011年3月期に原発を有する電力会社の持株比率は，北陸電力を除いて上昇している。これら10社の持株比率の合計は，前年に対して2011年3月期に16.14％増加して91.12％へと上昇して今日に至っている。

また，筆頭株主である東京電力ホールディングス（以下，東京電力HD）と関西電力は，日本原燃を持分法適用関連会社としており，日本原然の借入金および社債に対して**図表7-2**のように債務保証を行っている。10大株主である電力会社における債務保証の合計は，2018年3月期で6,656億円（前期7,674億円）に上るが，2010年3月期には1兆459億円であったから8年間で3,803億円減少したことになる。これは，後述するように長期借入金などの減少が起因している。なお，2018年3月期に北陸電力の債務保証は，前期から354億円減らし0円となり，東京電力も203億円減少させている。

さらに人的関係を見よう。2017年6月30日における日本原燃のプレスリリースの「役員人事について」によると，取締役ではない勝野哲 会長（非常勤，中部電力出身）と執行役員を除くと役員は20名であり，工藤健二 代表取締役社長・社長執行役員（東京電力出身），2人の代表取締役副社長・副社長執行役員（関西電力，東北電力出身），その他12名の取締役，2人の常勤監査役，2人の監査役から構成されている（日本原燃［2017a］）。この他に執行役員が23名いる（うち副社長執行役員1名，常務執行9名）。ところで，37人のすべての役員の略歴が一覧になっている2010年3月期の『有価証券報告書』を見ると，電力会社出身者がその多くを占めており，原発メーカーを含めた原子力産業関係者の

図表7-2　日本原然の主要株主の持株比率及び債務保証額

	2010年3月期		2011年3月期		2018年3月期	
	持株比率（%）	債務保証（億円）	持株比率（%）	債務保証（億円）	持株比率（%）	債務保証（億円）
東京電力	20.56	2,868	28.60	2,868	28.60	680
関西電力	13.49	1,882	16.60	1,840	16.60	1,744
中部電力	9.25	1,290	10.04	1,259	10.04	1,087
九州電力	6.99	975	8.83	954	8.83	920
東北電力	5.62	784	5.78	765	5.78	635
中国電力	5.01	698	5.31	682	5.31	579
四国電力	3.85	536	4.28	524	4.28	460
日本原子力	3.73	521	5.05	510	5.05	151
北海道電力	3.45	482	3.67	470	3.67	400
北陸電力	3.03	422	2.95	412	2.95	—
合計	74.98	10,459	91.12	7,416	91.12	6,656

注　：東京電力，関西電力以外の持株比率は，日本原燃が各電力会社の持分法適用会社に該当しないため各会社の長期投資の持株数のみから算出している。
出所：2010年3月期は日本原然『有価証券報告』より，2011年3月期と2018年3月期は，各電力会社『有価証券報告書』より筆者作成。

多くが役員になっていることがわかる（なお，日立製作所，三菱重工業，東芝の役員は，日本原燃の社外監査役となっていた）。

以上のように日本原燃は，取引関係，資本関係，人的関係などにおいて原発を有する電力会社ないし電力産業によって実態として支配されており，その事業内容とともに原子力産業の極めて縮図的な色彩を示す企業といってよい。

（3）日本原燃の財務構造の変化と損益計算上の問題点

①　日本原然の売上高などの概要と損益計算の問題点

図表7-3は，2001年3月期以降における日本原然の売上高，営業損益，経常損益，当期純損益及び資産の推移をみたものである。日本原燃は，2018年3月期で売上高2,658億円，営業利益147億円，経常利益64億円，当期純利益22億円，総資産2兆4,608億円を計上している。

1993年3月期の合併により計上され始めた売上高は，2000年代前半に600億

図表7-3　日本原燃の資産，売上高，損益の推移

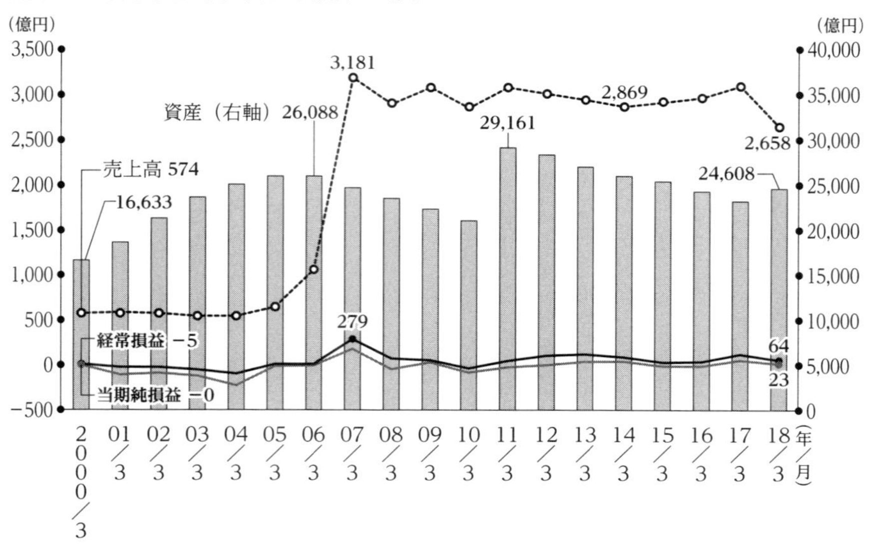

出所：日本原燃『有価証券報告書』及び『会社概況書』各年3月期より筆者作成。

円弱で推移していたが，2006年3月期に1,061億円になり，翌年の2007年3月期に3,181億円に急上昇している。この売上高の急上昇は，再処理事業施設を汚染する段階に入ったアクティブ試験（「使用済燃料を用いた総合試験」）を2006年3月に開始して再処理事業の売上高を計上し始めたことによる。ただし，アクティブ試験の開始から約1ヶ月後に決算となったため2006年3月期の再処理事業の売上高は530億円に止まった。これに対して，翌年の2007年3月期には「年間を通じて役務の提供を行ったことから」（日本原燃［2007］）という理由で再処理事業の売上高が2,746億円に上昇した。このことが売上高急上昇の主要な要因である。売上高は，その後，2012年3月期から2014年3月期まで逓減状態が続いたが，2,800億円を下回ることはなく，2015年3月期以降上昇傾向にあった。しかし，2018年3月期は一転して，前期から430億円減少している。

図表7-4は，2018年3月期と前年における売上高の事業セグメントである。日本原燃は，その売上高の約9割（2,325億円）を再処理事業で計上している。廃棄物管理事業とウラン濃縮事業の売上高は，110～130億円程度であり，この2つの事業及び廃棄物埋設事業はそれぞれ売上高合計の3～5%程度に過ぎない。したがって，日本原燃の収益は，再処理事業の売上高に大きく依存していることになる。前述の2018年3月期の売上高の下落も再処理事業の売上高（450億円の減少）によってもたらされていたことがわかる。MOX燃料製造事業は，2010年10月に着工されたMOX燃料加工設備の竣工が再三再四延期されて，2022年度上期の竣工を目指しているが，未だ売上高はない。しかし，こ

図表7-4　日本原燃に関する事業別の売上高（2018年3月期）

	再処理事業	廃棄物 管理事業	ウラン 濃縮事業	廃棄物 埋設事業	MOX燃料 製造事業	合計
売上高 （億円）	2,325 (2,775)	127 (111)	113 (109)	94 (93)	—	2,658 (3,088)
売上高構成比 （%）	87.5 (89.9)	4.8 (3.6)	4.2 (3.5)	3.5 (3.0)	—	100.0 (100.0)

注　：(　) 内は，2017年3月期のデータである。
出所：日本原燃［2017b］及び日本原燃［2018b］より筆者作成。

のような売上高や損益は，実態を反映したかたちでどこまで適切に計上されているかということが問題となる。ここで日本原燃の売上高及び損益における問題点を指摘しておかなければならない。

未だに日本原燃が原子力規制委員会の新規制基準に合格しておらず，再処理事業における再処理がなされていないというのが実態である。アクティブ試験による再処理は既に2010年3月期から生産量ゼロである。それにもかかわらず，毎年2,500億円を超える再処理事業の売上が計上されている。再処理がなされていない以上，再処理による売上というよりは，現状では実質的に日本原燃の燃料貯蔵プールでの使用済燃料の貯蔵ないし保管にかかわる手数料などに近い内容となっているといえよう。しかし，再処理事業の売上高ないし損益は，「アクティブ試験の開始により，再処理役務の提供を開始したことから」（日本原燃［2006］）という理由で計上され続けている。

このような実態に加えて，NuROができるまで，日本原然と顧客である電力各社は，「使用済燃料再処理役務基本契約」を結んでいたが，その内容は不明で全くわからない状況にある。また，日本原燃および原発を有する電力会社の「双方により合意した再処理料金及び前払等に関する覚書」によって再処理料金[2]（「再処理料金前受金」（流動負債）などに計上）の金額が決められてきたが，その内容も不明である。

結局，日本原燃の売上高や損益は，前述したように他の事業も含めて，取引関係，資本関係及び人的関係に規定された電力産業と日本原燃の支配従属関係の下で契約が決められていることになり，独立した当事者間の客観的な取引として成立していない。すなわち，取引関係では顧客として，資本関係では株主として，人的関係では役員派遣などを通して原発事業者である電力産業が日本原燃を支配しているのである。したがって，日本原燃の売上高及び損益は極めて客観性に欠け，不透明な特質を有しているといわざるを得ない。もっとも，NuROが新しい顧客となった2017年3月期に売上高は，前年に対して133億円（うち再処理事業123億円）増加し，営業活動によるキャッシュフローは668億円も増加しており，NuROとの取引関係も問題を孕んでいるといえよう。但し，2018年3月期は**図表7-3**に示したように売上高，経営利益，当期純利益ともに減少している。

②　日本原然の財務構造の変化

日本原然の資産は，**図表7-3**を見ると2000年代以降，2つの山を形成している。1つの山は，2006年3月期の2兆6,088億円であり，もう1つの山は，第3者割当増資により資金を調達して3兆円に近い過去最高額に達した2011年3月期の2兆9,161億円である。これをピークに，それ以降，2017年3月期まで資産は縮小している。特に2つ目の山である2011年3月期を境に日本原燃の財務構造は変化している。

図表7-5を見ると有形固定資産とその内訳である建設仮勘定の金額と総資産に対する構成比は極めて高く，その高い構成比は2010年3月期まで続いている。同年3月期で有形固定資産と建設仮勘定の金額と構成比は，それぞれ1兆8,383億円，94.9%と1兆4,741億円，70.4%になっていた。ただし，金額としては，2006年3月期と比較すると，2010年3月期の有形固定資産と建設仮勘定は低下しており，それぞれ4,519億円，3,418億円減少している。この減少の要因は，ウラン濃縮設備などの減少（耐用年数の11年から9年の短縮，除却・撤去），再処理工場の建設仮勘定（機械装置）の償却や2006年3月期のアクティブ試験開始により「試運転償却」が開始されたことによると考えられる。なお，通常，建設仮勘定は，完成に向かって価値が増加する過程にあるため減価償却しないが，その一部が償却されるという特異な会計処理がなされている。

償却速度を示す減価償却費率[3]を算定すると，2006年3月期以前では2%程度であったが，2007年3月期以降，5～6%程度に上昇していることがわかる。2017年3月期で減価償却費率は，4.8%となっている。また，償却の進度を示す減価償却累計率[4]は2017年3月期で61.2%に達しており，再処理事業が本格稼働していないにもかかわらず，減価償却しない土地を除いた有形固定資産取得額の6割が既に償却されていたことになる。

そのため2017年3月期には，有形固定資産1兆2,434億円，構成比53.7%，建設仮勘定は，8,893億円，同38.4%に低下している。但し，2018年3月期に減価償却費率と減価償却累計率はそれぞれ3.3%と59.7%に低下している。これ

図表 7-5　日本原燃の主要な貸借対照表項目の推移

	2000.3		2005.3		2006.3	
	金額	構成比	金額	構成比	金額	構成比
流 動 資 産	421	2.5	2,154	8.3	1,323	5.1
有 価 証 券	—	—	—	—	—	—
固 定 資 産	16,211	97.5	23,668	91.7	24,764	94.9
有形固定資産	16,176	97.3	21,893	84.8	22,902	87.8
建設仮勘定	9,462	56.9	16,902	65.5	18,159	69.6
無形固定資産	1	0.0	5	0.0	10	0.0
投資その他の資産	34	0.2	1,770	6.9	1,852	7.1
廃止措置資産	—	—	—	—	—	—
資 産 合 計	16,633	100.0	25,822	100.0	26,088	100.0
流 動 負 債	1,248	7.5	1,501	5.8	12,659	48.5
1年内返済予定の長期借入金	970	5.8	1,163	4.5	1,179	4.5
再処理料金前受金	—	—	—	—	10,939	41.9
再処理料金等前受金	—	—	—	—	—	—
固 定 負 債	14,129	84.9	22,893	88.7	12,000	46.0
社 債	—	—	304	1.2	404	1.5
長期借入金	10,534	63.3	11,183	43.3	10,946	42.0
長期未払金	103	0.6	63	0.2	599	2.3
加工施設等廃止措置引当金	—	—	—	—	—	—
資産除去債務	—	—	—	—	—	—
再処理役務料金前受金	3,224	19.4	11,159	43.2	—	—
濃縮役務料金前受金	262	1.6	136	0.5	—	—
負 債 合 計	15,377	92.5	24,393	94.5	24,659	94.5
資 本 金	1,400	8.4	2,000	7.7	2,000	7.7
資本剰余金	—	—	—	—	—	—
利益剰余金（欠損金）	−145	−0.9	−572	−2.2	−571	−2.2
純 資 産 合 計	1,255	7.5	1,428	5.5	1,429	5.5
負債純資産合計	16,633	100.0	25,822	100.0	26,088	100.0

出所：日本原燃『有価証券報告書』及び日本原燃『会社概況書』各年 3 月期より筆者作成。

は，新規制基準対応工事等により有形固定資産である建設仮勘定が 1,447 億円も増加したことによる。いずれにしろ，未だに総資産の約 4 割が未完成の設備などである建設仮勘定で構成されていることになる。

加えて，2011 年 3 月期に日本原燃の財務構造はさらに変化している。すなわち，資産に占める有形固定資産の構成比は前年の 87.8%から 2011 年 3 月期に 59.7%に低下して，投資その他の資産の構成比が 6.6%から 22.5%に増大する。また，流動資産が同じく 5.5%から 17.8%に増大している。この変化は，流動資産中の有価証券と投資その他の資産中の廃止措置資産の増加が起因している。

（単位：億円，％）

2010.3		2011.3		2015.3		2017.3		2018.3	
金額	構成比	金額	構成比	金額	構成比	金額	構成比	金額	構成比
1,149	5.5	5,180	17.8	5,098	20.2	5,129	22.1	4,827	19.6
442	2.1	4,003	13.7	3,120	12.4	2,769	12.0	2,309	9.4
19,795	94.5	23,980	82.2	20,116	79.8	18,033	77.9	19,781	80.4
18,383	87.8	17,397	59.7	13,690	54.3	12,434	53.7	13,885	56.4
14,741	70.4	14,010	48.0	9,924	39.4	8,893	38.4	10,340	42.0
21	0.1	35	0.1	55	0.2	35	0.2	19	0.1
1,391	6.6	6,549	22.5	6,370	25.3	5,564	24.0	5,876	23.9
—	—	5,323	18.3	5,777	22.9	5,293	22.9	5,418	22.0
20,944	100.0	29,161	100.0	25,213	100.0	23,162	100.0	24,608	100.0
10,152	48.5	8,906	30.5	5,988	23.7	3,409	14.7	5,933	24.1
1,472	7.0	1,164	4.0	1,215	4.8	1,300	5.6	1,353	5.5
8,006	38.2	7,272	24.9	4,055	16.1	—	—	—	—
—	—	—	—	—	—	654	2.8	3,167	12.9
9,212	44.0	14,670	50.3	13,485	53.5	13,939	60.2	12,841	52.2
350	1.7	350	1.2	100	0.4	—	—	—	—
8,636	41.2	8,713	29.9	7,243	28.7	6,323	27.3	5,633	22.9
77	0.4	151	0.5	78	0.3	2,071	8.9	1,395	5.7
49	0.2	224	0.8	197	0.8	179	0.8	187	0.8
—	—	5,133	17.6	5,621	22.3	5,137	22.2	5,298	21.5
—	—	—	—	—	—	—	—	—	—
—	—	—	—	—	—	—	—	—	—
19,363	92.5	23,576	80.8	19,473	77.2	17,348	74.9	18,774	76.3
2,000	9.5	4,000	13.7	4,000	15.9	4,000	17.3	4,000	16.3
—	—	2,000	6.9	2,000	7.9	2,000	8.6	2,000	8.1
−419	−2.0	−415	−1.4	−260	−1.0	−186	−0.8	−164	−0.7
1,581	7.5	5,585	19.2	5,740	22.8	5,814	25.1	5,834	23.7
20,944	100.0	29,161	100.0	25,213	100.0	23,162	100.0	24,608	100.0

すなわち，2010年3月期に442億円，資産構成比2.1％であった有価証券は，2011年3月期に4,003億円，同13.7％に急激に拡大したことによる。その後，2017年3月期には有価証券の金額は2,769億円になるが，構成比では12％と大きく減少していなかった。但し，2018年3月期に有価証券は460億円減少して2,309億円，構成比9.4％に低下している（なお，この減少は，キャッシュフロー計算書の投資活動によるキャッシュフローの収入にも，損益計算書の有価証券評価損や売却損益にも計上されていない）。この減少に対して投資その他の資産が313億円増加して5,867億円になっている。日本原燃は，同期に投資

活動によるキャッシュフローとして投資その他の資産である投資有価証券に313億円支出しており，後述するようにこの支出は持株会社Orano SAの株式（2億5,000万ユーロ）の取得などに使われたことになる。また2011年3月期に廃止措置資産が一挙に5,323億円（同18.3%）計上されている。廃止措置資産とは，日本原然によると「再処理設備，廃棄物管理設備に係る資産除去債務相当額，ウラン濃縮事業の既停止設備に係る廃止措置費用等相当額の一部について，契約等により将来において資金収受できることが確実であることから，当該廃止措置費用等相当額を請求権的資産として計上している」（日本原燃［2018b］）ものであるという。有価証券と廃止措置資産を合計した金融資産の構成比は同期32.0%にもなり，この2011年3月期を境に日本原然は，従来の財務構造に比べて，金融資産を多く保有する財務構造に変質したことになる。

次に負債と資本（純資産）側ではどのような変化があったのであろうか。**図表7-5**を分析すると2000年3月期では極めて高い割合で固定負債に依存していたことがわかる。総資本に対する固定負債の構成比は，84.9%に上る。この段階で固定負債は，主に長期借入金（1兆534億円，総資本に対する構成比63.3%）と再処理役務料金前受金（3,224億円，同19.4%）で構成されていた。

再処理役務料金前受金は，再処理事業を推進するために日本原燃が原発を有する電力会社から再処理事業の設備投資等の資金として1998年3月期より長期に渡り受け取ってきたものである。2006年3月期にアクティブ試験が開始されると，この再処理役務料金前受金は，再処理料金前受金と名称を変更して流動負債として計上された。日本原然によると使用済燃料再処理料金に係る売掛債権との充当処理を開始したことから，流動負債に振り替えたと説明している。ただし，この再処理料金前受金の一部は，次期以降にもかかわる長期の前受金の性質を帯びているといえよう。以来，日本原燃は，この再処理料金前受金について，「将来生じる使用済燃料再処理料金の売掛債権の一部に充当処理を行うもの」（日本原燃［2016］）として計上してきたが，再処理の本格的な稼動に至っていないアクティブ試験の段階で，再処理事業の売上計上とともに，「再処理料金前受金」を減額させてきた。

なお，再処理料金前受金を流動負債として計上するようになったのは，表示上の変更の問題であり実態としての変化はない。むしろ，その実態が変化したのは，長期借入金と再処理料金前受金との金額の関係である。すなわち，2000年3月期と2005年3月期を比較すると長期借入金は，1兆1,183億円となり649億円増加したが，再処理料金前受金は，この5年間で7,935億円も増加して1兆1,159億円に急拡大した。この期間に再処理役務料金前受金，すなわち再処理料金前受金は，長期借入金を上回る規模になったのである。したがって，再処理料金前受金は，長期借入金に匹敵する原発保有の電力会社からの巨額な融資と同様の機能を果たしてアクティブ試験前までの資産の成長を支えたことになる。ピーク時の2006年3月期には再処理料金前受金は，1兆1,159億円（総資本の42.8%）という巨額に達していた。

しかし，2006年3月期以降，漸次減少して，2016年3月期に再処理料金前受金は3,369億円（同14.0%）に縮小しており，長期借入金も6,847億円（同28.4%）に縮小している。そして，この再処理料金前受金は，NuROの創設を機に電力会社との役務契約を終了して返還契約を締結したという理由で「『長期未払金（一年以内の返済額を除く）』等」に計上することになったため，2017年3月期の貸借対照表から姿を消した。代わりにNuROと「使用済燃料再処理役務委託契約」および「変換廃棄物（ガラス固化体）の受入・貯蔵に関する契約」を締結して，NuROから受け取る金額は「再処理料金等前受金」（流動負債）として計上されている。2018年3月期にこの再処理料金等前受金は，前期から2,513億円増加して3,167億円が計上されており，前述の建設仮勘定や投資有価証券の資金となっている。

2010年3月期から2011年3月期までの1年間で総資本に対する純資産の構成比は7.5%から19.2%に，また固定負債は44.4%から50.3%に上昇して，流動負債は逆に48.5%から30.5%に低下した。純資産の増加は，前述したように第三者割当により新株を4,000億円（うち，資本金2,000億円，資本剰余金2,000億円）発行したことによる。固定負債の増加は，実質的な内部留保の性格を有する資産除去債務を5,133億円計上したためである。ただし，日本原燃は，長期に渡って利益剰余金がマイナスの状態となっている。それは徐々に減少しているが，2018年3月期においてもマイナスの利益剰余金164億円が未だに計上されている。

以上のように検討すると，日本原然は，アクティブ試験以後，有形固定資産ないし建設仮勘定を償却ないし除去しつつ，借金を減らししながら，新株発行による資金調達で有価証券の構成比を高めたことになる。それは，従来の有形固定資産（主に建設仮勘定）への投資と固定負債に依存する財務構造に比べて，自己資本の増加と実質的な内部留保によって金融資産（有価証券や投資その他の資産）を以前より多く保有する財務構造に変化したといえる。しかし，これらの財源は，基本的には原発保有の電力産業に支えられたものであり，最終的にはこのような電力会社を介して電力消費者に転嫁されているものである[5]。また，新規制基準の対応工事等により新たな支出を余儀なくされている状態にある。

（4）日本原燃と核燃料リサイクルの問題点

日本原然の抱える主要な５事業のうち，再処理事業，ウラン濃縮事業，MOX燃料製造事業は，我々にとって安全面及びバックエンドコストも含めたコスト面で極めて大きな負担を強いるものであり，その政策が転換されなければならない。

①　破綻する再処理事業

前述したように日本原然は，莫大な資金をこれら事業に投資してきた。しかし，そのコストは総括原価を用いた電気料金や税金というかたちで最終的な負担は消費者やこの国に住む我々に転嫁されることになる。また，放射能漏れ事故などの安全性を脅かすリスクに我々を常に曝す可能性がある。特に再処理工場から出る放射能物質の量は原発の比ではないほど多いという（大島［2013］157頁）。

また，再処理事業は，核拡散と安全保障上の問題を伴うのであり，これはMOX燃料製造事業やウラン濃縮事業にも共通する問題でもある。再処理によって抽出されるプルトニウムは，犯罪やテロに狙われる可能性があり，商業用原子炉だけで核保有国になったインドの例のように軍事目的に転用される可能性がある。なお，核保有国以外にプルトニウムを大量に保有しており，高度なロケット技術を保有しているのは日本だけで，その意味で潜在的な核保有国となっている（大島［2013］154頁）。

コスト面では，使用済核燃料の再処理の場合，原子力発電のコストが，直接処分に比べて１～２割程度高くなる可能性があるという。再処理事業が正常に稼働しない場合にはコストがさらに上昇する（吉岡［2012］178，185頁）。また，コスト上昇の問題に加えて事故・トラブルに関わる安全性や技術上の問題を抱えている。事故では，燃料プールの水漏れ事故の多発，動燃の国産技術を用いたガラス固化体製造でのガラス溶融炉下部ノズルのトラブル，耐震設計ミス，アクティブ試験での放射性物質の体内取り込み，再処理施設非常用電源建屋への雨水侵入事故など枚挙にいとまがない状態である。

②　縮小する濃縮事業

フロントエンドであるウラン濃縮事業については，国内で製造される濃縮ウランの供給量が僅かで，国際的な市場価格の数倍であるため輸入ウランよりも高い料金で電力会社が買い取っているといわれている。さらに再処理事業と同じように遠心分離機の故障やトラブルは，深刻で2010年末に遠心分離機の７系統（各150SWU）のすべてが一旦停止する事態も招いている。そのため，現行のウラン濃縮事業は，日本が独自にウラン濃縮事業を進める既得権益を維持できるように最小スペースで新しい遠心分離機に置き換え，事業が途絶えないようにするという「アリバイづくりの疑いが濃厚」と指摘されている（吉岡［2012］167，201，209頁；吉岡［2011］354頁）。しかし，2017年９月に安全確認等の改善などの理由で生産運転を中止せざるを得なくなっている。

③　行き詰まるMOX燃料製造事業

MOX燃料製造事業では，MOX燃料自体が高速増殖炉に使用されて「有効な」利用法になるといわれているが，高速増殖炉の技術は，相次ぐ事故・トラブルを抱えた「もんじゅ」の廃止にまで至っているように実現不可能となっている。イギリス，フランスで処理された行き場のないプルトニウムに対する「次善の策」であるプルサーマルによってMOX燃料を使用することで，ウラン燃料が10%節約されるといわれているが，コストはウラン濃縮時のテール濃度の低減[6]などの他の方法より高くつくという。さらに，MOX燃料は，一般炉では原子炉の制御が難しく，事故を起した場合に放射線被害が大きくなることに加えて，日本原然で使用済MOX燃料の処理も困難であるため，原発のプールに半永久的に貯蔵する可能性が高いといわれている（吉岡［2011］169，197，198頁）。このような問題を抱えながら，日本原然はMOX製造事業を押し進めようとしている。

④　日本原燃の課題

以上のように，5事業のうち廃棄物管理事業，廃棄物埋設事業を除く，ウラン濃縮事業，再処理事業，MOX燃料製造事業のどれをとっても極めて困難な問題を抱えている。但し，廃棄物埋設事業も埋設クレーンや廃棄体検査装置の不具合等が発生し，2017年6月から2018年2月まで廃棄体の受入れの中断が起きている。それにもかかわらず，日本原燃は，再処理やMOX燃料加工を推進するために2017年3月に仏のアレバ社（AREVA SA）が設立した持株会社Orano SA（旧，New AREVA Holding）に出資する契約（2億5,000万ユーロ）を仏政府，アレバ社及び三菱重工業と締結し，前述のようにOrano SAの株式取得に資金を投じている。また，政府の後押しの下，原子力産業と日本原然は，前述のように多額の資産をこれら事業に投下しており，「新規設備計画」を推し進めている。2018年3月期の『会社概況書』によると再処理事業とMOX燃料製造事業だけでも3兆3,445億円が投じられる計画となっている。なお，その80.2%が既に支出されている。しかも，折しも福島第一原発事故があった2011年3月期に，日本原然は，多額の有価証券を増資により取得しており，金融資産を増やした。本来であれば，原子力発電事業者の支配下にある日本原燃の巨額な資金を安全対策，原発事故の補償や震災復興の資金として用いるべき工夫がなされるべきであり，混迷を続ける「原子燃料リサイクル」における再処理事業，ウラン濃縮事業，MOX製造事業の推進にこれ以上の資金を投じるべきではない。したがって，使用済燃料を増やす原発の再稼働を止めて既存の使用済燃料は直接処分することが「国民経済の健全な発展と国民生活の安定に寄与する」[7]本来の道であろう。

2. 日本原子力発電の廃炉と経営状況[8]

(1) 日本原子力規制委員会による活断層の調査

2013年1月，敦賀原発1号機，2号機（福井県敦賀市）と東海第二原発（茨城県東海村）を運営する日本原子力発電（卸電気事業者）には経営問題が生じていた。敦賀原発には破砕帯（古くもろい断層）と呼ばれる断層が，原子炉の直下に通っており，原子力規制委員会によって活断層かどうかの調査が行われた。活断層と判断されれば敦賀原発の再稼働は難しく，廃炉となる見込みであった。もし廃炉となり日本原子力発電の経営が傾けば，どういった影響が考えられるのか。

日本原子力発電は，2013年1月には，前述のように敦賀原子力発電所1，2号機（福井県敦賀市）と東海第二原子力発電所（茨城県東海村）を運営している。敦賀原子力発電所1号機は日本初の商業用軽水炉で1970年3月14日に営業運転を開始し，その日開幕した大阪万博会場に電気を送電した。同2号機は1987年2月17日に営業運転を開始した。

この敦賀原子力発電所には，破砕帯といわれる断層が原子炉の直下に通っており，原子力規制委員会（当時の田中俊一委員長）は活断層か否かの調査を行なった。この調査団は2012年12月10日に評価会合を開き，敦賀原子力発電所2号機（出力116万kW）の原子炉建屋の直下を通る破砕帯について「活断層の可能性が高い」と結論づけている。

(2) 日本原子力発電の廃炉と経営状況

敦賀原子力発電所1号機（出力35.7万kW）は，営業運転開始から40年以上が経過している。「核原料物質，核燃料物質及び原子炉の規制に関する法律」(2012年6月27日，法律第47号，1部未施行）は，原子力発電の運転を原則40年に制限しているため廃炉になる。2015年3月17日には同1号機の廃炉を決定した。同年4月19日に原子力規制委員会が1号機の廃炉を認可した。

なお，2015年3月25日の第65回規制委員会は，敦賀原子力発電所2号機の原子炉建屋直下を通るD－1破砕帯のいずれかは「将来活動する可能性のある断層等に該当する」と結論づけた評価書が報告されている（日本原子力発電[2016]）。

日本原子力発電は，原子力発電しかないので経営に大きく影響する。敦賀原子力発電所の2基が廃炉となれば，日本原子力発電は倒産する可能性があるのか。当時の枝野経産相は「破綻すれば廃炉費用を税金で賄う可能性もある。簡単につぶすわけにはいかない」と話していた。敦賀原子力発電所の2基が廃炉となれば，日本原子力発電は経営的に耐えられるのか。

2012年3月期の有価証券報告書（日本原子力発電）によると，純資産1,626億円，有利子負債は社債400億円，長期借入金407億9,000万円（以上，固定負債)，1年以内に期限到来の固定負債78億円，短期借入金65億円，コマーシャルペーパー250億円（以上，流動負債）である。有利子負債だけで1,200億9,000万円である。この金額は資本金1,200億円より大きい。

図表7-6によると2012年3月期から2016年3月期にかけて有利子負債の動向を見ると，社債は400億円で変動がないものの，長期借入金は180億円減少している。ところが短期借入金がほぼ1,000億円も増えているので実質的に820億円の短期借入金の増加となっている。また固定負債の中では，使用済燃料再処理等引当金が同期間中に400億円も減少している。これは，原子力発電所が停止したことによる。

資産側を見ると，原子力発電所の停止により，核燃料が550億円，原子力発

図表 7-6　日本原子力発電の財務構造の変化

（単位：億円）

科目＼決算期	2011.3	2012.3	2013.3	2014.3	2015.3	2016.3
固定資産	7,414	7,960	8,033	7,513	7,187	6,943
電気事業固定資産	1,885	1,988	1,994	1,742	1,519	1,333
（原子力発電設備）	1,830	1,935	1,892	1,658	1,440	1,259
固定資産仮	1,764	2,110	2,195	2,006	2,040	1,983
核燃料	1,560	1,711	1,642	1,164	1,067	1,160
投資その他の資産	2,204	2,140	2,200	2,598	2,559	2,465
流動資産	657	591	1,126	832	1,130	1,129
現金及び預金	63	61	129	122	120	119
売掛金	301	112	273	284	392	365
その他	293	418	724	426	618	645
資産合計	8,071	8,551	9,159	8,345	8,317	8,072
固定負債	5,701	5,626	5,522	5,191	5,120	4,947
社債	400	400	400	400	400	400
長期借入金	358	407	362	317	272	227
長期未払債務	299	293	334	306	287	276
退職給付引当金	176	175	167	150	150	130
使用済燃料再処理等引当金	2,181	2,069	1,973	1,873	1,795	1,661
資産除去債務	2,057	2,071	2,107	1,955	1,988	2,031
流動負債	609	1,298	2,007	1,520	1,601	1,517
1年以内に期限到来の固定負債	75	78	367	77	75	74
短期借入金	―	65	820	1,050	1,070	1,070
コマーシャルペーパー	―	250	70	―	―	―
未払金	148	127	199	28	12	34
その他	386	778	551	365	444	339
負債合計	6,311	6,924	7,529	6,712	6,722	6,464
純資産合計	1,760	1,624	1,629	1,633	1,595	1,607
株主資本	1,761	1,626	1,629	1,634	1,595	1,608
（資本金）	1,200	1,200	1,200	1,200	1,200	1,200
（利益剰余金）	561	426	429	434	395	408
評価換算差額	△93	△17	△0.26	△0.36	△0.27	△0.6

注　：単独ベース，億円未満切捨て。
出所：日本原子力発電『有価証券報告書』各年版より筆者作成。

電設備も676億円も減少しており，合計1,220億円の減少となっている。これに対して投資その他の資産が325億円増加している。また，売掛金が253億円も増加している。これは，売掛金代金の回収が遅くなっていると考えられる。

次に**図表7-7**の日本原子力発電の収益構造を見ると，営業収益（売上高）の柱は，原子力発電事業による営業収益（売上高）である。原子力発電所が停止すれば，収益源がなくなる。しかし収益構造を見ればわかるように2012年3月

図表 7-7　日本原子力発電の収益構造

（単位：億円）

科　目 ＼ 決算期	2011.3	2012.3	2013.3	2014.3	2015.3	2016.3
営　業　収　益	1,742	1,452	1,519	1,248	1,318	1,138
電気事業営業収益	1,742	1,452	1,519	1,248	1,318	1,138
営　業　費　用	1,622	1,379	1,504	1,166	1,251	1,073
電気事業営業費用	1,622	1,379	1,504	1,166	1,251	1,073
（原子力発電費）	1,458	1,230	1,364	1,046	1,126	962
営　業　利　益	119	72	15	81	67	64
営業外収益	17	17	25	21	18	15
営業外費用	9	14	25	30	31	21
経　常　利　益	127	75	16	72	54	59
特　別　損　失	115	108	—	53	43	13
税引き前当期純損益	13	△32	16	18	10	45
法　人　税　等	80	—	13	14	48	33
当期純損益	5	△135	3	4	38	12

注　：単独ベース，億円未満切り捨て。
出所：日本原子力発電『有価証券報告書』各年版より筆者作成。

期から2016年3月期にかけて営業収益は1,452億円から1,138億円へと314億円の減少となっており，当期純損益も，2012年3月期と2015年3月期の2回ほど赤字（△）を計上したものの，他の決算期はかろうじて黒字を計上している。

（3）出資した電力会社への影響

日本原子力発電に出資した各電力会社にどういった影響があるか。株価や債務保証などから見ると，株式は，非公開であり，9電力会社が中心に株主となっている。債務保証も行われているので，民間の企業とは異なっている。日本原子力発電は，東京電力をはじめ沖縄電力を除く9電力会社が出資者となっている。

日本原子力発電に出資した大株主は東京電力が28.23%，関西電力18.54%，中部電力15.12%，北陸電力13.05%，東北電力6.12%，電源開発5.37%，九州電力1.49%，中国電力1.25%，北海道電力0.63%，四国電力0.61%，日立製作所2.31%の割合で出資している（日本原子力発電［2016］）。東京電力自体も経営的に苦しい状況にある中，日本原子力発電の経営が傾くことで，東京電力への打撃はあるが，他の電力会社もリスクを負っている。東海第二原発は東電との共同開発で，リサイクル燃料貯蔵という中間貯蔵の会社も共同出資している。また，東電は日本原電の筆頭株主でもある。

日本原子力発電の敦賀原子力発電所の2基が廃炉となれば，日本原子力発電は倒産の可能性がでてくるといわれたが，枝野元経産相は「破綻すれば廃炉費用を税金で賄う可能性もある。簡単につぶすわけにはいかない」と政府もバックアップの体制をとっていた。そして日本原子力発電は，電力会社各社と以下のような「経営上の重要な契約」（日本原子力発電［2012］）を結んでいる。

「東北電力，東京電力，中部電力，北陸電力，関西電力の受電5社と電力受給に関する基本協定及び電力受給契約等を締結している。基本協定では，当社の供給する電力の全量を受電会社が受電すること及び受電各社の受電比率を定めている。既に停止している東海発電所については，運転停止後に発生する費用（停止後費用）の取扱いについての基本協定を締結し，原則として受電会社が停止後費用を負担すること等を定めている」（日本原子力発電［2013］）。

2013年1月には，日本原子力発電は原子力発電所を停止しているが，電力各社からの料金収入で最高益をあげている。日本原子力発電が破綻すれば，各電力会社の経営を圧迫し，将来電気代の値上げにつながる可能性がある（『読売新聞』［2012］）。

また東海発電所は1966年に営業運転を開始し，1998年3月には営業運転を開始した。2001年10月に東海発電所は原子炉解体届を経済産業省に提出し，同年12月には廃止措置の工事に着手した。2006年3月に原子炉等規制制度の改正に伴い，東海発電所の廃止措置計画を認可した。

2015年3月17日には前述のように敦賀原子力発電所第1号機の廃炉を決定し，同年4月に同1号機の運転を停止した。同2号機直下には活断層と断定されたが，日本原電側は，これに反論している。

注

1 本章の第1節は，田村［2014］に新たなデータを加えて，改めて加筆修正したものである。

2 なお，電力会社側の再処理の前払金の会計処理については，谷江［2014］187-188頁を参照されたい。

3 減価償却費率＝減価償却費／（土地を除く有形固定資産の期末残高＋減価償却累計額）× 100 で計算する。建設仮勘定は一部償却しているので有形固定資産から除かない。

4 減価償却累計率＝減価償却累計額／（土地を除く有形固定資産の期末残高＋減価償却累計額）× 100 で計算する。建設仮勘定は一部償却しているので有形固定資産から除かない。

5 日本原燃への再処理料金の前払いがレートベースに参入されて電力料金の値上げにつながる点は，谷江［2013］250 頁を参照のこと。

6 テールまたは「テイルとは，天然ウラン中に 0.7%含まれるウラン 235 を，濃縮により 4%前後にまで高めた結果生じる，天然ウランよりウラン 235 濃度の低いウランのことであり，劣化ウランとも呼ばれる。この劣化ウランに含まれるウラン 235 の濃度を「テイル濃度」と呼ぶ」という。例えば，「テイル濃度を 0.3%から 0.2%に下げることにより，単位重量当たりの天然ウランから得られる濃縮ウランが増加する」ことになる（村上［2007］1 頁）。

7「原子力発電における使用済燃料の再処理等の実施に関する法律」（再処理等拠出金法）の第 1 条には，このようなことが書かれている。

8 本第 2 節は，谷江［2013］における「日本原子力発電」に関する部分を大幅に加筆，修正した。なお本稿作成に当たり読売新聞敦賀支局の島田氏から丁寧な質問をいただき感謝致します。

参考文献

大島堅一［2013］『原発はやっぱりわりに合わない　国民から見た本当のコスト』東洋経済新報社。

資源エネルギー庁［2016a］「使用済燃料の再処理等に係る制度の見直しについて（総合資源エネルギー調査会基本政策分科会　第 20 回会合資料 2)」2 月。

資源エネルギ―庁［2016b］「使用済燃料再処理機構について（第 33 回原子力委員会資料 2-1 号)」10 月。

使用済燃料再処理機構［n. d.］「基本情報」（http://www.nuro.or.jp/about/base.html〔最終閲覧日：2018 年 1 月 24 日〕)。

原子力資料情報室編［2013］『原子力市民年鑑 2013』七つ森書館。

谷江武士［2013］「電力会社における総括原価方式」『名城論叢』第 13 巻第 4 号。

谷江武士［2014］『事例でわかる グループ企業の経営分析』中央経済社。

田村八十一［2014］「電力 10 社と日本原燃の財務分析」村井秀樹・高野学・田村八十一・山﨑真理子「〈スタディーグループ最終報告書〉原発の会計～総括原価方式の問題点と今後のエネルギー政策の方向性～」会計理論学会，69-96 頁。

日本原子力発電［2012］『有価証券報告書』3 月期。

日本原子力発電［2013］『有価証券報告書』3月期。
日本原子力発電［2016］『有価証券報告書』3月期。
日本原燃［2006］『有価証券報告書』3月。
日本原燃［2007］『会社概況書』3月期。
日本原燃［2016］『会社概況書』3月期。
日本原燃［2017a］「役員人事について」（プレスリリース）（https：//www.jnfl.co.jp/ja/release/press/2017/detail/file/20170630-2-1.pdf〔最終閲覧日：2018年3月1日〕）。
日本原燃［2017b］『会社概況書』3月期。
日本原燃［2018a］「会社概要」（https：//www.jnfl.co.jp/ja/company/about/〔最終閲覧日：2018年8月4日〕）。
日本原燃［2018b］『会社概況書』3月期。
村上朋子［2007］「2030年までの世界の原子燃料需給展望 －天然ウラン及びウラン濃縮役務の需要変動要因とその影響に関する分析－」日本エネルギー経済研究所（IEEJ）ホームページ5月（http://eneken.ieej.or.jp/data/pdf/1474.pdf〔最終閲覧日：2018年4月14日〕）。
吉岡斉［2011］『新版　原子力の社会史』朝日新聞出版。
吉岡斉［2012］『脱原子力国家への道』岩波書店。
『読売新聞』朝刊，2012年12月19日。

（田村八十一・谷江武士）

第III部

イギリス・フランス・ドイツの海外動向と日本の課題

第8章
イギリスにおける再処理と廃炉の会計

1．はじめに

イギリスは世界で初めて商業用原子力発電所（以下，原発）を稼働させた国である。そして東日本大震災に起因する福島第一原発の事故の後も，原発推進を政策として掲げ，他のヨーロッパ諸国とは異なる様相を呈している。

一方で政府は，使用済核燃料の再処理等の事業や初期の原子炉の廃炉に係る費用を負担しているが，年々増大傾向にあるため批判にさらされている。イギリスでの公共支出は費用便益を勘案しながら決定されるものの，原発を推進することにより，このような費用が著しく増大するならば，政府にとっての原発とはまさに背反的選択といえるだろう。

ただ，公表される費用とは，実際の負担額とは異なり長期計画の複雑さと不確実性を伴いながら会計が意図しない形で作用しており，政府もその扱いに苦慮している。それでも低炭素社会の実現とエネルギー供給の安定化の両立を目指すため，原発によるエネルギー供給に大きな期待を寄せながら，政府負担の軽減に向け試行錯誤してきた。しかし，今やそれも変わりつつある。

そこで，本章ではこのようなイギリスの原発の廃炉問題等について，会計とその影響を原発推進政策とともに広く見てゆきたい。

2. イギリスの動向

（1）原発政策

イギリスでは，第2次世界大戦後に始まった核技術の平和的利用の研究の成功を受け，1953年コールダーホール（Calder Hall）の建設を認め，1956年には世界初の商業用原発として稼働した。新たな技術でありながら1955年の白書「原子力プログラム（A Programme of Nuclear Power）」[1]では，10年計画として12ヶ所に総額3億ポンドの原発を建設する構想を示し，原発を普及させる意図があった。しかし，1957年に行われた南太平洋におけるイギリスの水爆実験やコールダーホールに隣接したウィンズケール（Windscale）のプルトニウム生産用原子炉1号炉の火災事故の発生は，人々へ原子力プログラムに対する不安を与える結果となり[2]，政府は，このような世論により原発計画が頓挫することがないよう，特に火災事故については情報の公開を限定した。

1960年以降，一時は安価な石炭火力に傾きつつも1964年白書「第2次原子力プログラム（The Second Nuclear Power Programme）」では1970年から1980年にかけての積極的な建設計画を盛り込み，1970年代になるとオイルショックによる原油価格の高騰を背景に将来の電力供給を懸念し，1979年に発電効率を考慮しながら新たな原子炉の導入を俎上にのせた。しかし，1986年チェルノブイリ原発事故が起こったため，これら推進政策の断念を余儀なくされる。但し，審査過程にあった1基のみは翌年に建設許可が下り，1995年に稼働を始めた。これが現在イギリスにおいて稼働する原発の中で最も新しいサイズウェルB（Sizewell B）である。

イギリスのエネルギー資源は，北海よりもたらされ，それを国内で消費しつつも余剰分を輸出してきたが，1990年代後半は，その産出量が国内消費にも満たなくなる[3]。これは1970年代より予測された事態であったが，想定以上に資源の枯渇が早く，また代替エネルギーへの転換も遅れていた。加えて2023年にはサイズウェルＢを残してすべての原発の停止が見込まれ[4]，温室効果ガスの削減を積極的に進める政府としては化石燃料に依存しないエネルギーを模索しなくてはならなかった。

このような問題の解決に向けて，2003年白書「エネルギーの未来—低炭素経済の創造（Our energy future − creating a low carbon economy）」では，チェルノブイリ原発事故後初めて原発建設の可能性を排除すべきでない旨を示した。1990年代のエネルギー政策は，市場の自由化と効率化を重視してきたが，これにより温暖化対策とエネルギー供給の確保へと主眼が置かれてゆく。

その後，2006年白書「エネルギー・レビュー（Energy Review）」，2008年白書「エネルギー挑戦への対策（Meeting the Energy Challenge）」を経てイギリスの原発政策は確実性かつ具体性をもち，新たな原発を８ヶ所に建設することが決定した。

2011年東日本大震災によって福島第一原発事故が起こると，政府は調査官を日本へ派遣し，９月に「日本の地震と津波：イギリスの原子力産業にとっての意味（Japanese earthquake and tsunami：Implications for the UK nuclear industry）」がとりまとめられ，日本でもたらされたような自然災害がイギリスで起こる可能性を否定した上で，原発についてはさらなる安全性の向上に努めることを求めた。そして同年11月，上院の科学技術特別委員会の「核の研究開発の将来性（Nuclear Research and Development Capabilities）」により，原発がエネルギー・ミックスの１つとして重要であることが再度強調される。その結果，イギリスでは推進政策が覆ることはなく，新たな原発の建設に向けて法が整備されていった。

2016年７月会計検査院（National Audio Office：NAO）による「イギリスにおける原子力（Nuclear power in the UK）」では，2035年までに31ギガワット（GW）のエネルギー需要の増加を見込み，そのうちの14GWについて新規の原発によって確保する方針を示すなど，政府が原発にかける期待は大きい。

ただ，このような積極的な原発政策はイギリス政府（中央政府）によるものである。1990年代よりイギリスではウェールズ，スコットランド，北アイルランドに自治権を認め[5]，エネルギー政策を各々で決定することができるが，原発政策は特別とみなし，中央政府の決定がスコットランド以外の地域にも適用される。しかし，北アイルランドは，原発反対を表明し，スコットランドも反原発を掲げた政策のもと再生可能エネルギーを推進しているため，現在のイギリスにおける原発政策とはイングランドとウェールズを中心とするもので，まさに国を二分するものとなっている。

(2) 原発と電力会社

このような政策の変遷は，原発事業を担う電力会社の立場や責任も変えてゆく。

国内に数多く分散していた電力会社を1947年の電力法（Electricity Act 1947）により，統括し国有化させると，1957年のエネルギー法によってイングランド・ウェールズを中央電力局（Central Electricity Generating Board：CEGB），スコットランド・北アイルランドを南スコットランド電力局（South of Scotland Electricity Boards：SSEB）が地域的に管轄することになった。しかし，このような体制はサッチャー政権により終焉を告げることになる。1989年の電力法（Electricity Act 1989）で電力市場の自由化を導入し，1990年にはCEGBとSSEBを火力発電や送電事業などへ分割民営化させた。但し，原発事業だけは，それぞれから切り離した後も国営企業として継続させることで，民営化に耐えうるか見定めていたが，最終的に1996年ブリティッシュ・エナジー（British Energy：BE）として民営化の道を歩み始めた。事業の要となる原発は，原子炉のタイプに応じて廃炉費用やエネルギー効率に配慮した上で，より費用負担が大きいものを国営企業マグノックス社（Magnox Ltd）へ残し，それ以外をBEへと切り離した。

その後BEは2000年代初めに，電力の卸売単価の下落や使用済核燃料の再処理費用の増大によって経営が圧迫され，債務超過の危機に陥った。政府はBEへ資本を注入することで倒産を回避させながら，再建に向けて尽力していたが，結果的に2009年仏電力公社（Electricite de France：EDF）へBEの株式80%を125億ポンドで売却することになる。その結果EDFはBEをEDFエナジー

(EDF Energy：EDFE）として子会社化し，イギリスの民間原発事業を独占することになった。残りの株式は，ブリティッシュ・ガス（British Gas）の子会社であるセントリカ（Centrica）が取得している。

さらに政府は新たな原発政策を推進するため，原発事業の担い手を広く民間企業に開放し，建設から廃炉処理またそれに係る費用をすべて企業に負わせることで政府負担の軽減を図ろうとした。これにはEDFEをはじめ，セントリカ，ホライズン・ニュークリア・パワー（Horizon Nuclear Power：独企業E.on，RWEのジョイント・ベンチャー：JV），ニュージェネレーション（NuGeneration：NuGen：スペイン企業Iberdrolaとフランス企業GDF SuezのJV）が呼応して参入を表明するとともに，土地の買収や資本調達といった準備を着実に進めて行った。しかし政府からの建設許可が予定通りに下りず，また福島第一原発事故の影響もあり，これらの企業は撤退を始めることになる。ただ，これは新たな参入者に取って代わったに過ぎず，セントリカは完全撤退したが，ホライズンはGE日立（日立の完全子会社）へ，そしてNuGenはスペイン企業が保有していた株式を東芝が取得した[6]。さらに東芝は2017年4月NuGenのエンジー（Engie：GDF Suezが改名）より全株式を153億円で取得することで，完全子会社化を果たした[7]。現在イギリスにおける将来の原発事業は他国資本によって独占されるという「ウィンブルドン現象」を生み出しているが，政府は原発推進のために参入企業を歓迎している。

(3) 新たな原発建設に向けて

各企業からの申請を受け，新たな原発建設に向けて政府による審査が進行しているが，許可が下りたのは，EDFEが申請したヒンクリーポイントC（Hinkley Point C：HPC）と呼ばれるサイトのみである（2018年7月現在）。仏電力公社はBE買収後，フランス国内の原発の修繕費の増加や福島第一原発事故による原発産業の収縮，共同出資を期待したセントリカの撤退，原子炉開発を行っていたアレバ（Areva）の財務危機などが起こり，財務的余裕は失われ，原発建設に必要な資金調達が単独では困難になってゆく。そこに共同出資者として名乗りをあげたのが中国広核集団である。HPCは**図表8-1**のように，EDFEの子会社としてNNBホールディング社（NNB Holding Company（HPC）Limited）により経営が行われる。NNBホールディングスは，電力とファイナンス会社から構成され，ファイナンス社では劣後債を発行して資金調達を行う予定で，政府も20億ポンドを上限に債務保証を付与する。さらに政府との間で35年間の差金決済取引（Contract for Difference：CfD）契約を結び，1MW/h当たり92.50ポンドでの電力買取を約束した。これは契約当時の電力卸売価格のおよそ2倍に上る。これによってEDFEは1年の電力供給26TWh，内部収益率を最大10%と見込んでいる（EDF［2013］p.15）。EDFEは他サイトにも原発を建設する予定でおり，両者が稼働すると，買取価格は89.50ポンドとなるが，このような買取価格はその後の原発を含めたクリーンエネルギー投資の可否を決定する1つの判断指標となったといえる。

当初EDFEは，HPCの建設のためには180億ポンド必要であると見積もっていたが，2016年に210億ポンドと上方修正した（*The Telegraph*, 12 May 2016）。一方，会計検査院では同年300億ポンドと試算しており，両者には大きな隔たりが見られるものの，建設に係る予算が増加傾向にあるのは間違いなく，この点について会計検査院は一連の契約により，費用増加分をこれ以上電気代に転嫁することができない点を強調している。一方，EDFEの立場からは，このような負担増は収益率の低下などを招くことになる。

図表8-1　HPCの所有および資金調達形態

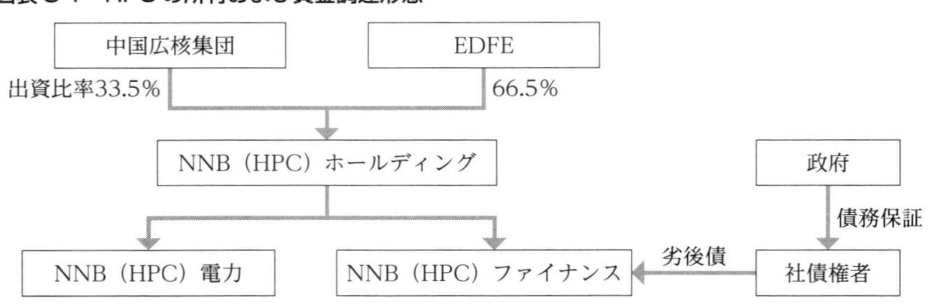

出所：EDF "Financing a new nuclear power plant and managing the risks experience feedback from Hinkley Point C", p.16より一部抜粋。

また，EDFEに続く日立も，原発建設等計画通り進まない場合に備え，イギリス政府からの出資および債務保証を約束させている。さらに，稼働後の高額な固定買取を求めており，東芝のアメリカにおける一連の原発事業の失敗を教訓として日立は，あくまでも「経済合理性」に基づく原発事業を展開しようとしている。また，親会社への影響を抑制するために，完全子会社化しているホライズンを早期に持分法適用会社にしたい考えであり，これには日本政府も出資をするなど，協力的である。

しかし，民間企業からの経済的要求の受け入れは，イギリス政府が当初描いていた，原発を推進しつつ，政府や国民負担を軽減するという本来の意味を形骸化させているといえる。

(4) 使用済核燃料の処理・処分および原発の廃炉

イギリスでは原発推進とともに1964年以降，湖水地方に密接したセラフィールド（Sellafield）サイトで使用済核燃料の処理を行ってきた。使用済核燃料再処理は日英原子力協定に盛り込まれるなど，商業的意味において日本とセラフィールドは密接な関係を築いてきたといえる。もともとこのような再処理は英国原子力公社（UK Atomic Energy Authority：UKAEA）が主体となり国営で行っていたが，1971年英国核燃料会社（British Nuclear Fuels Limited：BNFL）として，商業用の使用済核燃料の再処理と廃炉機能を分割した。1999年不正が発覚するなど，業務遂行が財務的に難しくなっていった。そこで2004年エネルギー法（Energy Act 2004）により，BNFLのみならずUKAEAの役割もまた，独立行政法人（Non-Departmental Public Body）である原子力廃止措置機関（Nuclear Decommissioning Authority：NDA）へほぼ移管させることになる。

2010年日本の電力会社の資金提供により，セラフィールドの再処理事業の施設を充実させたが，中部電力による独占的な契約下にあったセラフィールドにとって，福島原発事故時による日本の原発の停止は劇的な変化と商業的な打撃を与えた。その結果，再処理事業に必要とされるMOX（Mixed Oxide）工場を2012年，THORP（Thermal Oxide Reprocessing Plant）工場を2018年に閉鎖することを決定する。これは長年に渡り行われてきた再処理事業の終了を意味するが，政府が原発を推進する一方で，再処理事業の活路を断った理由は，ウランの国際市場価格の下落に伴い再処理そのものが割高であることと，新たな原発では使用済核燃料の処理・処分は参入事業者にその方法が一任されることによる。例えばHPCでは欧州加圧水型炉と呼ばれる原子炉を設置する予定のため，現在のセラフィールドでは新たな設備投資なく処理ができず，EDFEは，既にすべて地層処分にすることを決定している[8]。

3. 国有化時代の廃炉等の責任およびその会計

(1) 廃炉等の責任の所在とその計画

上述のように原発等の所有形態は，国営から民間へと移り変わったが，廃炉責任はその所有形態に応じて異なる。まず国営として所有されていた原発および原子力関連施設は，NDAに責任が帰属する。NDAはマグノックス社が所有していた第一世代の原発の廃炉および，火災事故が起こったウィンズケールのような武器使用のために原子力物質を製造していた施設，原子力産業の発展のために使用された研究施設，核燃料再処理施設および燃料製造工場の廃炉管理といった国内17ヶ所を適切に管理する義務をもつ。

2015年12月ウィルファ原発（Wylfa）が稼働を終了したことで，NDA管轄の原発はすべてその役割を終えており，廃炉計画が実行に移されている。その実務はサイトライセンス企業（Site License Company：SLC）と呼ばれる組織が特化して行い，費用の効率化および最小化を目的として一部施設を除き親組織（Parent Body Organisation：PBO）がSLCの実務方針の決定に携るとともに，配当として報酬を受け取っている。PBOには，専門的経営が可能な民間企業が参加しており，PBOおよびSLCに対する統括責任はNDAにある。

NDAの廃炉は①市民，労働者，環境への継続的な安全確保，②可能な限り施設環境への影響を最小化，③使用目的に応じた土地の開放，④これらと首尾一貫させながら廃炉処理に係る国家資源（national resources）の支出を最小限にする，という原則に基づき，方法は5年ごとに見直されている。

処理方法の特色としては，原子炉が稼働を停止して燃料棒を安全に取り出した後，一定期間監視しながら放射線量の低減を待つ保全措置（Care and Maintenance）をとることで，廃炉作業を行う労働者に安全な環境を確保していることである。このようなプロセスには少なくとも50年以上要するが，計画が長期に及ぶことで各年の廃炉費用負担の軽減も可能としている。その資金についてはNDAの商業的収入が充てられ，不足分は国からの補助金で補塡される。これは，廃炉等計画が終了するまで継続するが，そもそもNDAは設立当初より政府からの補助金がなく運営できない状況に陥っており，現在その額は，所轄官庁の年間支出の半分以上まで膨らみ，依然増加傾向にある。

NDAの所管はエネルギー・気候変動省（Department of Energy & Climate Change：DECC）であったが，2016年7月EU離脱の決定を受けての省庁再編に伴い現在はビジネス・エネルギー・産業戦略省（Department for Business, Energy & Industrial Strategy：BEIS）[9]の下にある。

(2) NDAの会計基準と財務諸表

NDAは国からの補助金の受けるため，公会計に基づく年次報告書（Annual Report and Accounts）の作成が求められる。その財務情報は，管轄省庁の連結情報の一部となり，最終的には政府全体報告書（Whole of Government Accounts：WGA）に組み込まれ，会計検査院による監査対象にもなっている。公会計には，EUで採用された国際会計基準（International Accounting Standards：IAS）および国際財務報告基準（International Financial Reporting Standards：IFRS）が適用され，政府財務報告マニュアル（Government Financial Reporting Manual：FReM）により公的な解釈が与えられるが，発生主義を導入している点が特徴となっている。

これに基づき作成されるのが，**図表8-2**に見られる連結包括純支出計算書および財政状態計算書[10]である。NDAの連結包括純支出計算書では，支出に収入

図表 8-2　連結包括純支出計算書・連結財政状態計算書

連結包括純支出計算書

2016年3月31日終了年度　（単位：百万ポンド）

	2016年	2015年
支出		
機関管理費	38	41
プログラム実施費用	724	1,185
引当金繰入額	92,219	7,600
減価償却費および減損損失	74	82
	93,055	8,908
収入	(1,020)	(1,068)
純支出	92,035	7,840
未収利息	(1)	(25)
未払利息	3	2
利息後純支出	92,037	7,817
その他包括損失		
有形固定資産の認識の中止による損失	–	15
確定拠出年金に係る数理計算上の差異	(9)	18
包括純支出総額	92,028	7,850

連結財政状態計算書

2016年3月31日現在　（単位：百万ポンド）

	2016年	2015年
非流動資産		
有形固定資産	865	855
前払契約費	2,799	1,636
ファイナンス・リース債権	44	45
営業債権及びその他の債権	41	40
非流動資産合計	3,749	2,576
流動資産		
売却予定資産	–	–
棚卸資産	78	60
その他投資	336	382
ファイナンス・リース債権	1	1
営業債権及びその他の債権	165	227
現金及び現金同等物	154	168
流動資産合計	734	838
資産合計	4,483	3,414
流動負債		
営業債務及びその他の債務	(1,473)	(1,573)
原子力引当金	(2,880)	(2,939)
その他引当金	(280)	(161)

流動資産合計	(4,633)	(4,673)
流動負債控除後総資産合計	(78)	(1,259)
非流動負債		
営業債務及びその他の債務	(1,431)	(1,508)
原子力引当金	(157,792)	(66,935)
その他引当金	(1,255)	(1,196)
確定給付年金に係る負債	(5)	(14)
非流動負債合計	(160,483)	(69,653)
純負債	(160,561)	(70,912)
納税者持分		
再評価積立金	77	59
一般積立金	(160,640)	(70,973)
納税者持分合計	(160,563)	(70,914)
非支配持分	2	2
持分合計	(160,561)	(70,912)

出所：NDA, "Annual Report & Accounts 2015/16", p.81, 83.

を加えているが，中でも目を引くのが支出における引当金繰入である。ここではその傾向が顕著である2016年を取り上げている。この引当金繰入は，ほぼ原子力関連に起因するものであり（原子力引当金繰入），収入については，所有する原発の売電や使用済核燃料の再処理，放射能汚染廃棄物処分の請負から得ている。但し，ウィルファ原発が稼働を停止したことから，これ以降の売電収入は見込めない。これら以外は微額であり，包括純支出計算書は，まさに引当金繰入額によって大きく左右されている。

そして，引当金の影響は財政状態計算書へも及ぶ。財政状態計算書は，資産－負債＝持分であるが，持分はほぼ納税者持分つまり国民負担を意味する。ここでも原子力引当金は負債の構成要素の中でも突出し，前年度と比較して非流動区分の引当金だけで10倍以上の増加が見てとれる。資産額を大幅に上回る多額の引当金を設定しているが，納税者持分で調整するため，原子力引当金とほぼ同額が納税者持分となり，結果的に原子力引当金が国民負担へ多大な影響を与えるものとなっている。

(3) 原子力引当金

原子力引当金とはどのように求められるのか。イギリスの公会計では，引当金はIAS 第37号「引当金，偶発負債及び偶発資産」を適用するが，FReM によって公的解釈が加えられる。そもそも引当金とは，金額および時期が不確定でありながら，過去の事象から生じる現在の債務要素を含むもので，正確な値が導き出されるとは言い難い。そのため，「最善の推計値」として信頼性ある見積を示す努力が要求される。NDA の廃炉計画は現時点で2137年までの継続が予定されており，政府のプロジェクトの中でも最長であるが，100年以上にも及ぶ費用の見積の精度を高めるためには不確実性やリスクを慎重に扱うことが肝要となる。

イギリスの大蔵省（HM Treasury）は，IFRS が推奨する期待値法や最頻値法に依存することなく，分析手法の併用を指導し，不確実性やリスクについての概念や見積，さらに実務や分析に至るまでの解説を行っている[11]。具体的に，将来プロジェクトを見積る際における楽観バイアスによる費用の過小評価の排除，デシジョン・ツリーを使ったリスク評価，感度分析による不確実性の検討などが挙げられる。

それに基づくと見積額は**図表８-３**のようになり，2016年については見積額

図表 8-3　廃炉等費用の見積額

（単位：億ポンド）

	見積額の幅	割引前見積額	割引後
2014年	880–2,180	1,103	649
2015年	950–2,180	1,178	699
2016年	950–2,180	1,170	1,607
2017年	970–2,220	1,185	1,635
2018年	990–2,250	1,204	2,336

注　：会計期間の表示は，NDA のアニュアル・レポートに示されたままのものであり，会計終了年度がそのまま年として示され，4月1日から3月31日までを対象としている。
出所：NDA, "Annual Report & Accounts" より筆者作成。

の幅を950～2,180億ポンド，そこから総合的に判断して割引前の見積額を1,170億ポンドと確定している。仮に政府負担を抑制する意図があれば，見積幅の最低額である950億ポンドを採用するだろうが，政府はそのような単純な選択を望んでいない。最低値を採用する場合には，この見積が可能な限り正確かつ信頼できるものでなくてはならない，という指針より，不確実性の期待値レベル，未知の技術および機会費用等を考慮に入れて導き出したものである。

割引前見積額が決まると，現在価値，つまり引当金額を確定するために割引率が重要となるが，これについても社会時間選好率などを勘案しながら財務省が公会計向けに毎年公表するものを適用している。これによれば，2005～2012年までは一律に2.2%であったが，2013年より短期，中期，長期に区分し，2016年からすべての期間で割引率の見直しに踏み切った（**図表8-4**）。

本来，長期に渡る廃炉計画の意義とはプラスの割引率のもとで，各年の負担を軽減することであるが，2016年にすべての期間で割引率がマイナスとなったため，特に非流動区分における原子力引当金の負担増につながった。これを**図表8-5**の変動要因から見ると，取崩額が29億ポンドに対して，割引率の影響はたった1年で894億ポンドとその異常さが見て取れる。特に，長期における割引率が著しく影響を与えるのは，2018年の値からも明白である。このように割引率の与える影響はNDAも注視しており，0.5%の割引率の変更が300億ポンドの違いとなって現れてくると試算している。会計検査院による監査報告で

図表8-4　割引率の変化

	短期 (0-5年未満)	中期 (5-10年未満)	長期 (10年以上)	割引率による 影響
2005-2012年	2.20%	2.20%	2.20%	なし
2013年	△1.80%	△1.00%	2.20%	38億ポンド
2014年	△1.90%	△0.65%	2.20%	△3.2億ポンド
2015年	△1.50%	△1.05%	2.20%	2.1億ポンド
2016年	△1.55%	△1.00%	△0.80%	893.8億ポンド
2017年	△2.70%	△1.95%	△0.80%	14.5億ポンド
2018年	△2.42%	△1.85%	△1.56%	659.7億ポンド

出所：NDA, "Annual Report & Accounts" より筆者作成

図表 8-5　引当金の変動要因

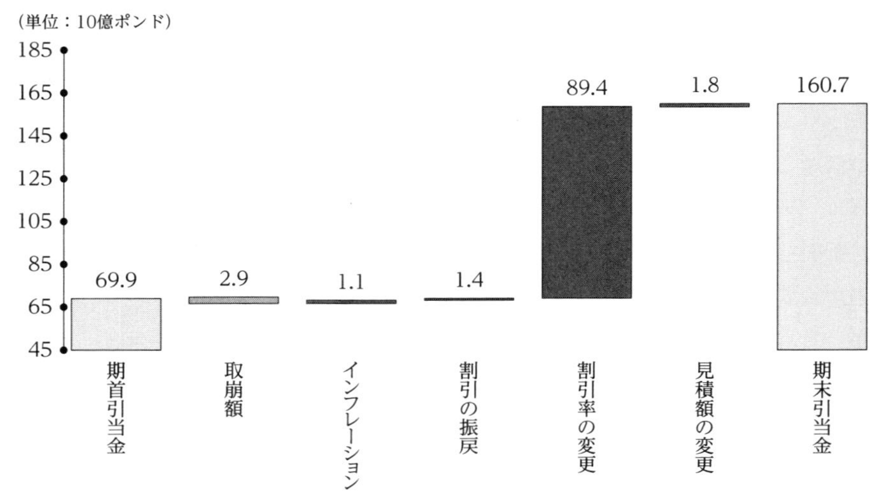

出所：NDA, "Annual Report & Accounts 2015/16" p.23.

も，「事項の強調区分（Emphasis of Matters）」で原子力引当金に焦点を当て，これは長期的計画における不確実性およびマイナスの割引率に起因したものである旨を強調している。このような問題は，割引率がプラスに転じれば大幅に改善されるが，EU 離脱問題に揺れる中，経済成長を上方修正することへの慎重

図表 8-6　割引前見積額内訳

	期首引当金額	取崩額	インフレーション	割引の振戻
マグノックス社	8,516	△722	129	127
セラフィールド社	53,200	△1,925	829	1,063
ドーンレイ環境回復社	2,394	△173	37	96
低レベル廃棄物管理会社	352	△19	5	9
地層処分施設	4,216	△26	67	128
その他サイト及びNDA管理費	1,195	△73	20	25
合　　計	69,873	△2,938	1,087	1,448

出所：NDA, "Annual Report & Accounts 2015/16", p.24 一部抜粋および筆者加筆。

さが漂い，マイナスの割引率は継続する，との見方が広がっている。

(4) サイトの特質

さらに原子力引当金をサイトごとに見てゆくとその特質が浮かび上がってくる（**図表8-6**）。

多く工程は順調に進んでいる。マグノックス社は10ヶ所以上のサイトを抱えており，保全措置に入ると廃炉費用が極端に減少し，再び処理が始まると大幅な増加を見込みながら2106年まで処理が続く。割引前価値で約151億ポンドと全体の約13%を占めてはいるが，割引前見積額は減少傾向にある。また，ドーンレイ環境回復社は（Dounreay Site Restoration Ltd）は3つの高速増殖炉等と再処理施設を抱えるサイトだが，過去に放射能汚染漏れ事故があったため，周辺の除染作業も行っている。しかし，こちらも当初の計画よりも早く終了する見通しとなっている。

それに対し，最も問題視されているのがセラフィールドである。セラフィールドは，再処理施設，コールダーホールおよび火災事故のあったウィンズケールを内包する最も危険な複合施設といわれ，これまで放射能漏れ事故をたびたび起こしている。割引前見積額は，セラフィールド由来のみで75.1%と非常に

（単位：百万ポンド）

割引率の変更	その他	期末引当金額	割引前見積額	割　合
15,796	515	23,330	15,112	12.9%
61,250	△3,004	117,422	88,260	75.1%
358	0	2,713	2,480	2.1%
407	755	755	578	0.5%
10,564	685	14,265	9,361	8.0%
1,011	△775	2,195	1,691	1.4%
89,386	△1,824	160,680	117,482	100%

高く，しかも年々増加傾向にある。セラフィールドについては多額の支出を削減するためにPBO契約を結んだものの，結局費用の増加に歯止めがかからず，会計検査院は公聴会を通じてセラフィールドのPBOの是非と契約解除に言及した。最終的にPBO契約は解約され，NDAによる直接管理へ切り替えられている。実務はセラフィールド社（Sellafield Ltd）が行うが，複雑に業務が絡み合い，予測がつかない事態が多く起こるため，特に見積が難しいサイトとされている。そしてセラフィールドの引当金額は突出しているため，国民からの批判が集中しやすい。

また，地層処分施設もマグノックス社に次ぐ引当金額を計上するが，これは放射性廃棄物のための施設であり，HPCの使用済核燃料の処分もこの施設を利用する予定である。しかし，計画は大きく遅れ2016年の時点では建設地すら決まっていないにもかかわらず，不確実な状況の中で引当金を見積もっている。

その他サイトは，日本からの委託を請け負う国際原子力サービス社（International Nuclear Services Ltd），核関連物質を安全に輸送するためのダイレクト・レイル・サービス（Direct Rail Services Ltd）や研究施設など多岐に渡るが，金額は相対的に大きくない。

様々なサイトで原子力引当金を生み出しているが，この中でセラフィールド社のみが財務報告を単体で行っている。セラフィールドは株式会社であるため国際会計基準が適用されるが，原発関連施設は親会社であるNDAが保有しており，財政状態計算書に原子力関連の資産および負債は存在しない。そのためここでの資産，負債は従業員の退職給付債務およびそれに対応するもので構成されるのみである。連結包括純支出計算書についても業務遂行支出とそれに対応する収入が計上されているに過ぎず，原子力引当金は，NDAによって報告されるものとなっている。

（5）政府会計へ与える影響

公会計で発生主義を採用した理由とは，国民負担をできる限り正確に把握するためであった。しかし意図せず割引率がマイナスへと転じたことで，発生主義によって生み出される引当金を媒介して，膨大な納税者負担を生み出すものとなっている。

これについて，会計検査院は2016年「政府貸借対照表の評価：引当金，偶発債務と保証（Evaluating the government balance sheet：provisions, contingent liabilities and guarantees）」上で，2015年までの政府会計におけるこの問題に言及している。既に原子力引当金は過去5年間で3分の2も増加し，政府引当金の全体の半分程度まで肥大化している。世帯当たりの原子力引当金額は9,000ポンドとなっており，その額は2020年まで増えてゆくことが予想され，政府は，この要因について長期計画に基づく不確実性であることを強調するが，潜在的なキャッシュ・フローを生み出す可能性も否定できず，今後も注視しながら，丁寧な説明が必要不可欠としている。

また，政府の原発関連負債へと焦点を広げるならば，問題は原子力引当金に留まらない。政府は，NNBファイナンスへ20億ポンドの債務保証を行っているため，FReMに基づいて，可能性が低い（remote）としながらも偶発債務として認識している。

このように原子力関連負債は政府会計の中でも懸念材料となってはいるが，その評価方法の見直しは考えられていない。

4. EDFE（旧BE）の廃炉等の責任とその会計

（1）廃炉計画とその資金管理

BEの民営化に伴い，稼働中の廃炉の実施および資金についてはBEがその責任を負う契約が結ばれた。当時，明確な廃炉計画はなく，廃炉資金を隔離するため，原子力発電廃炉基金（The Nuclear Generation Decommissioning Fund：NGDF）が資金を管理することになった。NGDFは政府からの寄付2.28億ポンド（National Audit Office［2004］p.16）に加えてBEが四半期ごとに400万ポンド負担することで合意し，設立され，後に政府はBEの株式の売却益も拠出している。BEの経営危機の時には，契約の見直しが行われたりしながら，現在BEを買収したEDFEがその義務を遂行する。資金管理については原子力債務基金（Nuclear Liabilities Fund：NLF）がNGDFを継承する形で設立され，その資金は財務省が運用し，果実をNLFが享受することで，十分な廃炉資金の準備を求めている。

EDFEが引き継いだ8基の原発は運転期間を延長し，未だ稼働中であるが，今後2023年から2035年の間にすべての役割が終える（House of Commons Library［2018］p.4）。EDFEには，法的および倫理的責任のもと廃炉と解体（The Decommissioning & Deconstruction：D&D）計画を遂行する義務があり，D&DはNDAと同様に保全措置をとりながら，EDFEが実行する。そして廃炉計画のチェック機能および費用の支払権限はNDAに帰属する。仮に将来，NLFが資金不足に陥った場合は，政府が補塡することになっている。しかし，契約上EDFEの自己負担となるものが一部存在しており，これについては政府による補塡も行われない。

（2）廃炉等に関する会計

NLFは政府が設立した基金であるが，EUが採用する国際財務報告基準のもとで情報開示が行われる。NLFの資金のほとんどを大蔵省が運用しており，包括利益計算書における収益として，このような金融資産等運用から得られる実現および未実現利益が計上され，それに係る費用を差し引いた後の「営業活動に係る利益」が廃炉資金である特定債務（qualifying liability）として組み込まれてゆく。

図表8-7がその債務に対応する資産の変動を示したものとなっている。EDFEの拠出金は契約に基づき定額で年2,000万ポンド，加えてサイズウェルBへのウランの搬入量に応じて負担する。また，原発は全て稼働中であるが，EDFEによる廃炉準備が既に始められているため，それに充てる資金がNDAの許可が下りた後，NLFより支払われている。金融資産等の運用実績を示した包括利益計算書からの営業活動に係る利益もまた充当され，法人税を支払った

図表 8-7　NLF 特定債務資産

（単位：ポンド）

	2017年	2016年
期首特定債務対応資産	8,943,071,464	8,934,894,845
EDFEによる拠出金	20,320,800	18,665,292
EDFEへの支払	(23,010,122)	(52,214,104)
税引前営業活動に係る利益	279,466,303	49,119,179
営業活動に係る税額	(57,284,634)	(7,393,748)
期末特定債務対応資産	9,162,563,811	8,943,071,464

出所：NLF, "Annual Report and Accounts For the year ended 31 March 2017", p.7.

後の残額が期末における廃炉資金額に加えられることになる。

一方，EDFE 本体における旧 BE の原発関連情報は，資産が中心である。固定資産として原発施設が計上され，核燃料も棚卸資産となっている。燃料については，燃焼分のみ費用化するとともに，現在稼働している原発が閉鎖される時に未燃焼の可能性がある燃料については引当金処理している。ちなみにここでの割引率は 3% となっている。

5. HPC 以降の廃炉等の責任とその会計

（1）廃炉計画とその資金管理

新たな参入企業については，廃炉および使用済核燃料の処理・処分をどのように実行するのか企業がすべて決定できるが，その計画および係る資金の見積は建設許可を得るための審査過程に含まれており，参入企業は将来の廃炉等計画の立案およびそれに必要な資金を見積もり，第三者によって精査され，政府へ提出する。廃炉に必要とされる資金は，原発が稼働している間に独立した基金またはその他の手段により確保されることが求められ，参入企業が決定できる。

建設許可が下りているHPCについても廃炉等の一連の計画および資金管理方法が決定している。HPCは2020年代後半より60年の稼働を予定しており，稼働終了後にNNBによる廃炉処理へと移行するが，旧BEの原発とは異なり，保全措置がとられないため，すべて撤去されて更地になるまでは20年と短い。また，使用済核燃料については再処理することなく，一定期間保管した後に政府による施設ですべて地層処分とされ，その費用は使用済核燃料を引渡す際に一括で支払う。これは中レベル放射性廃棄物についても同様の措置を取る。廃炉前作業から使用済核燃料の処分までは6段階のプロセスがあり，2084年から2150年まで続く[12]。また，資金については，EDFEから隔離された原発廃炉基金（The Nuclear Decommissioning Fund Company Limited）に拠出され，廃炉等に関連する場合に使用することが認められる。HPC以降の新たな原発の廃炉等の資金は，仮に不足が生じても政府により補塡されることはない。

(2) HPCの廃炉等に関する会計

HPCの廃炉および使用済核燃料処分に関する見積は，公会計が援用され，グリーン・ブックなどに基づき予測最終コスト（Anticipated Final Cost）と呼ばれるインフラ計画に必要な予算額を試算することで，プロジェクト費用の拡大に歯止めをかける意図がある。

図表8-8 廃炉等費用見積

（単位：百万ポンド）

	ベース・コスト	P80コスト
閉鎖前計画費用	33	46
廃炉費用	1,875	2,550
使用済燃料管理費用	1,451	1,730
中レベル廃棄物費用	272	315
使用済燃料廃棄費用	2,335	2,526
合　　計	5,985	7,166

出所：EDF, "Decommissioning and Waste Management Plan", p.80より抜粋。

HPCの廃炉費用は**図表8-8**の通りである。廃炉に係る資金についてベース・コスト（Base Cost）とP80（Percentile 80）が公表されているが，これについては，さらにプロセスごと細分化されて見積が行われ，ここでは総計を示している。

ベース・コストとは，リスクと不確実性を考慮することなく計画を遂行した場合，最も可能性の高い見積額である。しかし，プロジェクトが終了するまでにはリスクや不確実性が存在するため，それを考慮しながら分析したものがP80コストである。その不確実性とは，現在の知見に基づき「未知の未知（Unknown Unknown）」や「未知の既知（Unknown Known）」の技術などについても検討することで，見積額の幅として信頼区間を決定してゆく。そして，その分布の80%に位置する値を示したのがP80である。なお中央値における支出はP50と呼ばれる。これにより，将来の廃炉等の費用とはベース・コスト以上P80コスト以下となることが予測され，この資金がHPCの稼働中に原発廃炉基金へ拠出されてゆくことになる。しかし，建設すら終了しておらず，加えて大幅な建設計画のズレが生じている現在，このような廃炉費用も，あくまでも評価の1つに過ぎない。但し，今後変更が生じた場合，数字は修正されてゆく。

6. おわりに

イギリスの廃炉処理はEUにおいて先駆的であるとされながらも，100年以上に及ぶ計画の見積額を示すことは困難さを伴う。それでも国営であった原発の廃炉について潜在的キャッシュ・フローとなりうる最善の値を出す姿勢をとるが，その値は割引率等によって毎年容易に変動する。しかし，この見積額があたかも正確性および確実なキャッシュ・フローを伴うかのようにメディア等で取り上げられている。

また，旧BEの原発についても廃炉資金が不足した場合は，政府によって補われるため，EDFEはその旨を年次報告書に示している。そのような事態に陥らないためには，NLFによる資金運用および管理が重要となるが，特定債務資産とは廃炉資金に充てるものとしつつ，金融資産からの未実現収益を含んだ利益を含むものであることから，これもまた実現性がどこまで担保され，廃炉資金が準備されているのか，不透明である。

さらに，HPC に至っては，当初の計画から大幅な変更が加えられてきた。地元経済への貢献はますます縮小し，それとは反対に建設費が増大してゆく。建設費の増大は，固定買取価格の中で，企業収益に影響を与え，HPC の雇用予定人数の削減を余儀なくさせている。政府補填が行われない中，EDFE が隔離した資金のみで廃炉処理が終えられるのかどうかも未知数であり，既に EDFE による廃炉処理の見積自体が過小評価である，との批判も出ている。

このように，イギリスの廃炉等会計とは，より正確な見積を行おうとする一方で，未実現収益や引当金など会計を媒介とした情報が，あたかも確実なキャッシュフローを伴うかのような錯覚を生み出している。

ただ，イギリス政府の廃炉負担額は実質増加しており，それは，民間企業の原発事業への参入により，さらに膨れ上がる傾向にある。これは，原発を推進したい政府が，経済合理性を掲げる企業に譲歩しているためである。仮に譲歩しなければ，企業は撤退する可能性があり，それにより原発政策が頓挫しかねない。しかし，多くの企業が入れ替わり，政府からの経済的譲歩がなければ，継続する意味を失いつつある原発事業とは，いかなる意味を持つのだろうか。原発事業の開放による，国民負担軽減という政策的意義からもかけ離れるばかりである。今後，原発政策を推進する限り，政府が企業の経済的要求をどこまで抑制できるのかが焦点となってゆくだろう。

注

1 イギリスにおける「白書」とは，日本のような報告や分析を意図するものではなく，将来に向けた提案，計画を示すものである。

2 ウィンズケールは軍事施設でもあったことから，国家秘密保護法（Official Secret Act）の対象であったことも要因となっている。

3 当時の掘削技術等に基づく費用対効果分析によって判断されたものであり，現在は技術も発展しているが，原油価格の低下などによって状況は大きく異なる。

4 その後，いくつかの原発は稼働年数の延長が認められているため，現在とは状況が異なる。

5 イングランドにおいては自治政府ではなく，中央政府の政策がそのまま適用される。

6 2016年12月に日英政府による原発事業の覚書の交換が行われ，日立の原発事業に両政府は支援を表明しており，このまま計画通りであれば，日立の原発は2018年から建設を開始する予定である。東芝は原発建設に必要とされる原子炉審査も一旦申請しながらも取り下げている。

7 イギリスでは，東芝がNuGenの売却を意図して行ったものであると報道されている（*Financial Times*, 4 Apr, 2017）。

8 仮に再処理を希望した場合，セラフィールドへの投資が必要となり，その負担はEDFEが行わなくてはならない。

9 DECCはビジネス・イノベーション・技能省（Department for Business, Innovation and Skills：BIS）と統合され，ビジネス・エネルギー・産業戦略省（Department for Business, Energy & Industrial Strategy：BEIS）となった。

10 発生主義を採用しているが，計算書ではIncomeおよびExpenseで表示しているため，ここでは収入および支出としてある。

11 リスク管理については，財務省から発行されている，「オレンジ・ブック（Orange Book）」，「マジェンタ・ブック（Magenta Book）」，「グリーン・ブック」，「アクア・ブック（Aqua Book）」を参考にすることになる。

12 更地になった後も，使用済核燃料を地層処分施設へ引き渡すまでに時間を要する。

参考文献

EDF［2013］"Update on the UK Nuclear New Build Project（«NNB»）", 21 Oct.

EDF Energy［2014］"Hinkley Point C Power Station Decommissioning and Waste Management Plan."

HM Treasury［2013］"The Green Book."

HM Treasury［2015］"Early financial cost estimates of infrastructure programmes and projects and the treatment of uncertainty and risk."

House of Commons Library［2018］"New Nuclear Power", 28 June.

Pearson, P. and J. Watson［2012］UK Energy Policy 1980-2010, Institute of Engineering and Technology, Parliamentary Group for Energy Studies.

National Audit Office［2004］"Risk management: The Nuclear Liabilities of British Energy plc", 6 February.

Taylor, S.［2006］*Privatisation and Financial Collapse in the Nuclear Industry*, Routeledge.

安芸皎一監修，原子力平和利用調査会編著［1955］『イギリスの原子力』読売新聞社。

長山浩章［2015］「英国における電力自由化と原子力：我が国への教訓」『開発技術』第21号。

World Nuclear Association, *Nuclear Development in the United Kingdom*（http://

www.world-nuclear.org/〔最終閲覧日：2018 年 7 月 16 日〕）

（松田真由美）

第9章 フランスにおける再処理と会計

1. フランスにおける原子力発電

フランスでは2018年時点で，58基の原子炉が稼働している。北海油田を有するイギリスや豊富な石炭を有するドイツと違って，フランスは自国でエネルギー資源を産出しない。また，第2次世界大戦での敗戦という苦い経験とベクレルやキュリー夫妻といった科学者を輩出したというプライドもあって，原子力・核の利用には非常に積極的であった。フランスは，周知のように，洗練された文化をもつ一方で，世界の批判にもかかわらず南太平洋ムルロア環礁などで1996年までに210回もの地下核実験を強行するなど猛獣が牙をむくといった一面もある。原子力発電に関しては，第1次オイルショック以降，政府主導によりその比重を高めてきた（**図表9-1**参照）。その結果，原子力産業は有力な輸出産業となり，フランスの命運を担っているとさえいわれるほどになった。

フランスの電気事業は，1946年の「電力・ガス事業国有化法」に基づき設立された国有企業であるフランス電力公社（EDF）が2000年の電力自由化法が制定されるまで，発電・送電・配電のすべてを独占していた。原子力行政は，原子力・新エネルギー庁（CEA）が中心となって原子力発電を推進し，アレバ社とEDFがこれを担ってきた。アレバ社は，ウラン鉱山の開発，経営，加工，発電炉の建設，稼働支援，燃料棒販売とそのリサイクル，廃棄物処理と返却に至るまで，まさに原発のデパート（竹原［2013］28頁）といった業容を呈してきた。原子力安全規制に関しては，独立機関としての原子力安全規制当局（ASN）が所管している。

図表9-2では，原子力関連施設の立地状況が示されている。冷却水確保のた

図表 9-1　フランスにおける発電量の推移

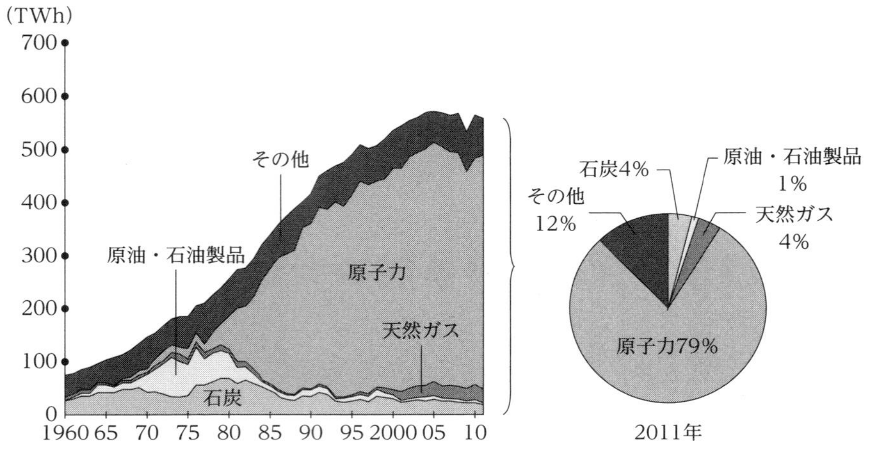

資料：IEA［2012］, *Energy Balances of OECD Countries 2012 Edition*, OECD.
出所：三菱 UFJ リサーチ＆コンサルティング［2014］68 頁。

図表 9-2　フランスにおける原子力関連施設の立地

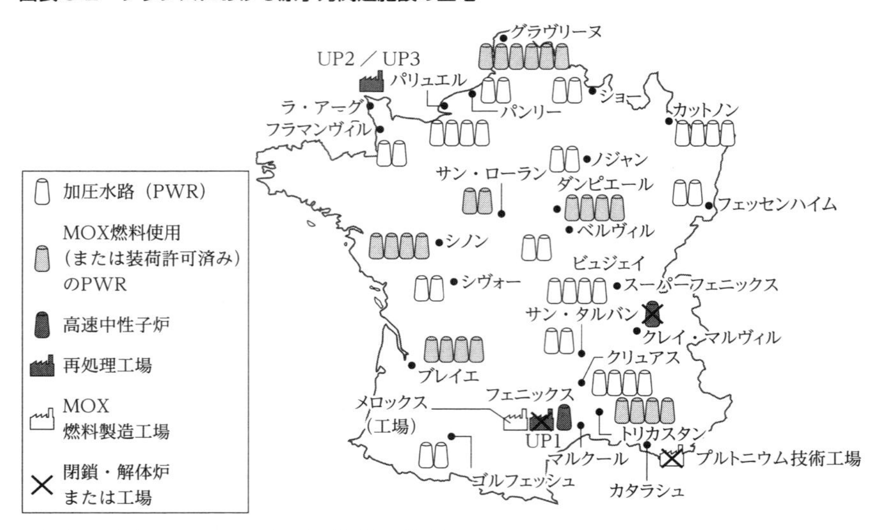

出所：バンジャマン＝ベルナール［2012］200 頁。

めに海岸・河川沿いに立地しているともいえるが，地域バランスに配慮したと思えるくらい全土にわたって程よく分布しているのがわかる。フランス全体では原子力産業の主要関係企業は約50社で，総従事者数は41万人に上る。原発1基につき，従業員数は平均1万2千人となっており，原発58基を擁するフランスにとって，原発産業は国の基幹産業でもあり，それが「閉鎖」した場合の経済的影響は甚大であるといえる（山口［2012］174頁）。

2. フランスにおける核燃料の再処理

フランスでは原子力計画の初期の段階から使用済核燃料の再処理路線が選択されてきた。放射性廃棄物の削減や天然ウランの効率的利用がその理由とされている。使用済核燃料は冷却のため数年間発電所内のプールに保管され，その後アレバ社のラ・アーグ再処理工場に送られる。同工場は国内だけでなく海外からも使用済核燃料を受け入れてきた。再処理能力は年間1,700トンであり，2012年末までに28,600トンを処理してきた。また，1997年に閉鎖された同社のマルクール再処理工場では過去に約18,000トンの再処理が行われた。

EDFでは年間約1,200トンの使用済核燃料が排出される。このうち1,050トンが再処理に出され，残りは将来のプルトニウム抽出のために保管される。再処理で10.5トンのプルトニウムと1,000トンの再処理ウランが回収され，プルトニウムはメロックス工場でMOX燃料を製造するために使用される。現在，4基の原子炉でMOX燃料が燃やされているが，そこで生じた使用済MOX燃料は今のところ再処理されていない。2010年末時点で，フランスには80トンの民生用プルトニウムが貯蔵されており，うち60トンはラ・アーグにある。56トンがフランス企業に属し，うち27トンはEDFに帰する。これは3年分のMOX燃料の生産を可能にする量である。

再処理ウランのうち年間約500トンは再濃縮のためにシベリアのセベルスクにある工場に一旦送られ六フッ化ウランに転換された後[1]，送り戻され，アレバ社のロマンス工場で二酸化ウラン燃料の製造のために再利用される。残りは中間貯蔵のためにコミュレックス工場で八酸化ウランに転換される。EDFによれば電力の約20%が再処理燃料で発電されているというが，他の機関ではその数値は17%と見積られている[2]。

ヨーロッパでは35基の原子炉にMOX燃料が使用されており，また，2006年に日本の電力会社との間でMOX燃料の供給契約を締結されたこともあって，アレバ社にとって核燃料サイクル事業は重要なビジネスとなっている。さらに，2008年末，同社とEDFは再処理と再利用についての契約を2040年まで延長したことを公表したことにより，アレバ社のラ・アーグおよびメロックスの再処理工場はその存在が確保されることになったばかりでなく，再処理能力の拡大，MOX燃料の生産拡大，さらには使用済MOX燃料の再利用も契約上は可能となった。

ところで，プルトニウムを分離してMOX燃料を製造するという方法は，現実には，Cタイプ廃棄物と呼ばれる高レベル・超長寿命放射性廃棄物（プルトニウムおよびアクチノイド）を15%減らすだけの効果しかない。その一方で，中レベル放射性廃棄物（Bタイプ）の蓄積は増加し，製造されたプルトニウムは，理論上，再利用される建前になっているものの，実際に再利用されるのは一部に過ぎず，フランス電力による度重なる意思表明とは裏腹に，使用されないプルトニウムが年々蓄積していくというのが実情である。1987年以降増加しつづけ，再利用されないプルトニウムの在庫は，2010年末には，前述の通り約80トンに上っている。また，再処理で分離されたプルトニウムからつくられるMOX燃料それ自体も使用後は再処理されずに，何らかの本格的保管に移る前に冷却プールで約150年間保管し続けなければならない。従来型燃料では，この期間は50年である。つまりMOXは放射能レベルが高い分，その取り扱いが難しい。

ドイツ，ついでベルギーは既に，このコストのかさむ方法をやめて，直接保管の検討を決定した（カナダ，アメリカ，スウェーデン等は既に始めている）（バンジャマン＝ベルナール［2012］77-78頁）。

3. フランスにおける再処理の会計

2006年に「放射性廃棄物等管理計画法」が制定され，原子力関連事業者には，①管理する原子力施設に関するすべての義務を果たすことができる引当金を設定し，②長期にわたる義務を履行するための資金を確保すべく専用資産ポートフォリオの創設が求められることになった。各期の引当金設定額は，年末の経済状況を基に，将来発生する原子力関連費用の予想支払スケジュールを

図表 9-3　フランスにおける原子力バックエンド費用の資金管理制度について

資金管理制度の対象		原子力施設の廃止措置	使用済燃料の再処理	放射性廃棄物の貯蔵，輸送及び処分処理
	対象事業の実施者	電気事業者	COGEMA（政府出資機関の出資中心の株式会社）	ANDRA（放射性廃棄物管理機関）
資金負担者 根拠法令等		電気事業者	電気事業者	電気事業者
		廃棄物の処分と物質の回収に関する法律No.75-633 会計規制委員会2000年12月7日付規則No.2000-06		
資金管理方法		内部留保性の引当金		
貸借対照表上の取り扱い	負債の部	割引後の総額を引当金として計上	燃料の燃焼量に応じて引当金計上	放射性廃棄物管理機関等の試算により引当金を計上
	資産の部	建設費の一部として固定資産に計上し減価償却	引当金に対応する資産は判別できず	引当金に対応する資産は判別できず
引当金・積立金・拠出金等への課税		非課税 引当金総額が割引率にしたがって毎年増加 （増加分は当該年度の引当金に相当するため非課税）		
電気料金との関係		規制部門に関しては料金原価に算入 自由化部門に関しては自由料金の内数		
自由化の措置		無		

出所：資源エネルギー庁，総合資源・エネルギー調査会，電気事業分科会，制度・措置検討小委員会資料「諸外国における原子力バックエンド費用の資金管理制度について」2004年より。

見直し，長期のインフレ率予想を考慮して各年に発生する費用を見積もった後に，名目割引率を使用して現在価値に換算して算出する。

図表9-3からいえることは，我が国における取扱いと非常に似ているということである。すなわち原子力施設の将来の廃止措置に係る費用が資産除去債務として負債に計上され，同額が当該固定資産原価に算入され，減価償却を通じて各会計期間の費用として配分されることにより，料金原価に上乗せされ，さらに税務上も損金算入されることにより費用の回収が徹底されているのである。使用済燃料の再処理および放射性廃棄物の処分に係る費用への対応については，専用資産ポートフォリオの創設が求められている点で，資金の確保が強制されているといえる。

現在の規制の下で，EDFは，2011年までに，解体と最終処分を遂行するための引当金の十分な設定が求められたが，新しい法案によって最終期限が一旦，2016年までに延期された。

図表9-4にあるように原子力発電関連引当金は総額36,033百万ユーロに上るわけであるが，これに対応する専用ポートフォリオの残高は23,471百万ユーロ（簿価）で，約3分の1の12,500百万ユーロの積み立て不足が生じている。グループとしては純利益は3,011百万ユーロを計上しているものの，積立不足額はむしろ徐々に拡大している。

フランスでは老朽化・事故により運転を停止している原発が現在では12基ある。これにナトリウム漏れ事故を起こし放棄された高速増殖実証炉スーパー

図表9-4　EDFのフランスにおける原子力発電関連引当金

（単位：百万ユーロ）	2015年末	増加	減少	割引の影響	その他の変動	2016年末
使用済燃料管理引当金	10,391	389	(1,282)	637	523	10,658
放射性廃棄物長期管理引当金	8,254	173	(233)	729	43	8,966
核サイクル終了引当金	18,645	562	(1,515)	1,366	566	19,624
原子力発電所廃炉引当金	14,930	156	(159)	723	(1,528)	14,122
炉心核燃料引当金	2,555	—	—	93	(361)	2,287
廃炉および炉心核燃料引当金	17,485	156	(159)		(1,889)	16,409
原子力発電関連引当金	36,130	718	(1,674)	2,182	(1,323)	36,033

出所：EDF2017年6月30日付年次報告書より。

フェニックスを加えると13基になるが（山口［2012］151-152頁），廃炉を完了したものは1つもないので，実際の廃炉費用がいくらかかるのかは誰にもわからないというのが実態のようである。

他方，アレバの2014年の最終損益は48億ユーロ（約6,700億円）の赤字と過去最大となった。2011年の福島第一原発の事故で，欧州の一部の国が脱原発を決めたほか，日本の原発の再稼働が遅れてビジネス機会が減少し，フィンランドなどで建設中の最新鋭の原子炉にトラブルが相次ぎ建設費がかさんだことも響いた。それを受けて，2015年6月，フランス大統領府はEDFがアレバ社を救済するために同社の原子力事業を担う子会社アレバNPを傘下に収めると発表した（『日本経済新聞』2015年7月31日）。EDFおよびアレバの80％の株式を政府が所有しているが，今回のEDFによるアレバNPの株式取得は実質公的資金によるアレバ社の救済といえる。このことは従来のやり方ではもはや原子力発電事業が事業として成り立たないということを物語っているように思われる。

4. フランスにおける原発事故

フランスにおける主な原発事故として，1969年10月17日，中西部のサンローラン原発における黒鉛減速ガス冷却原子炉1号機での作業員による燃料挿入中のミスを原因とするウラン50kgの溶融事故があげられる。修復作業のため約1年間稼働が中止された。また同原発は1980年3月13日に今度は2号機が洪水による冷却装置の停止により核燃料溶融事故を起こしている。これにより原子炉は2年半使用不能となった。事故の深刻度を示す国際評価尺度によればいずれもレベル4ということであった[3]。結局これらの原子炉は1990年以降稼働停止となっている。

また，2008年7月8日には，アビニョン北部ボレーヌ市に接するトリカスタン原発施設内のウラン溶液処理施設で人為的ミスによる事故が起きた。ウラン溶液貯蔵タンクのメンテナンス中にタンクからウラン溶液約3万リットルが漏れ出して，これにより職員100人あまりが被爆し，付近の河川に74kgのウラニウムが流れた。付近一帯は水道の使用禁止，河川への立ち入り禁止となった。同じ8月18日にも南部ドーム県ロマン・シュール・イゼールの核廃棄物工場でも同様の放射性廃液の漏出事故が起きている（山口［2012］140頁）。

また，原発はテロの標的になる可能性も指摘されている。2011年12月5日に国際環境団体グリーンピースが首都に最も近いフランス中部のノジャン・シュール・セーヌに侵入し，原子炉の屋上から「安全な原発はない」という垂れ幕を下したという事件は，当局にとって厳しい警告となった（山口［2012］149-151頁）。

ラ・アーグの再処理工場から排出される廃液に含まれる放射性物質も問題にされている。ドラム缶による海洋投棄は1993年の国際条約により禁止されたが，陸上からの排出はいまだ合法であり，工場から伸びる約4.5kmのパイプを通し1日当たり400立方mの廃液が岸から1.7km離れた海洋に排出されている（バンジャマン＝ベルナール［2012］76頁）。海底が汚染され，海藻，甲殻類，貝などにセシウムやラジウムが取り込まれているという。

ウランを最大限活用し，しかも放射性廃棄物を極力出さない未来の原子炉である高速増殖炉「スーパーフェニックス」（出力120万kW）は，フランスだけでなく出資に加わった西ドイツ（当時），イタリア，ベルギー，オランダ，イギリスの期待を一身に背負って1976年に建設され86年に運転を開始した。しかし，運転開始からわずか半年足らずでナトリウム漏れ事故を起こしてしまった。3年間の停止の後再稼働されたがその2ヶ月後，今度は発電機の故障により再び停止を余儀なくされた。稼働時間よりも停止時間の方がはるかに長いまま，1998年にはジョスパン政権により技術面経済面の両面の課題を理由にこれを放棄する決定がなされた。

しかしながら，このような失敗にもめげず，EDFとアレバ社は，第3世代原子炉として欧州型加圧水炉（ERT）の建設をフランス内外で進めているが未だ完成したものはない。核燃料サイクルの完結に固執するフランス政府は，現在新たな次世代高速炉として今度はアストリッド（ASTRID）計画を進めている。これはスーパーフェニックスに代わる新たな高速炉（第4世代原子炉，出力50

〜60万kW）ではあるが従来どおりのナトリウム式冷却による高速炉であるが未来のプロトタイプとなることが期待されており，「もんじゅ」を断念した日本政府も三菱重工を通じてこの計画に参加している[4]。

5. フランスにおける電力の自由化

フランスの電気事業は，従来，国有企業であるフランス電力公社（EDF）が発送配電のすべてを担ってきたのであるが，1990年代以降のEUにおける電力自由化の流れを受け，2000年2月に「電力自由化法」が制定され，電力市場における自由化が段階的に進められた。発電事業者はEDFのほか，GDFスエズ社，SNET社などが存在するが，EDFが国内発電電力量の80％を占めている。送配電に関しては，2004年の「EDF・GDF株式会社法」の制定に伴い，EDFは株式会社に移行するとともに，送電部門を分離し，これを子会社化（RTE）した。また配電部門に関しても，2006年の「エネルギー部門法」の制定を受け，EDFはその100％子会社として「eRDF」が設立され分離された。このようにEDFの独占体制は解体されたとはいえ，発送配電のすべての市場におけるEDFとその子会社の圧倒的なシェアからして，実質的に自由化は達成されているとはいえない。需要者はインターネットを利用して電気料金の比較ができるようになっているが，それでも，電力小売市場におけるシェアはEDFが92.6％，GDFが4.8％となっている。

フランスにおいて特徴的なのは「市場料金」よりも安い「規制料金」の存在である。従来通りEDFからの電力供給を受ける需要者は規制料金の適用を受けるが，供給先を自由に選ぶ場合には市場料金が適用される。規制料金は発電コストを回収できる額として設定されているのであるが，この制度は原子力発電設備を所有するEDFが有利になるように計算されている。欧州委員会からの求めに応じて2016年以降，大口の需要者にはこの規制料金の制度は適用されないこととされた。他方，2010年の「電力市場新組織法」では，2025年までにEDFの原子力発電電力量の25％を限度として発電コストに基づく価格で小売

図表 9-5 フランスにおける電力供給体制

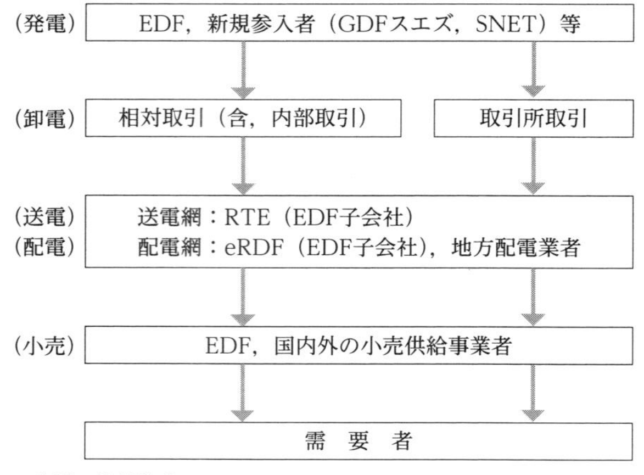

出所：筆者作成。

事業者に卸販売することが規定された。このように政府のサポートによって原子力発電体制が維持されているといえる。発電コストに関して，フランス会計検査院は2014年報告書の中で2010年から2013年の3年間で，発電コストは1MW当り約50ユーロから60ユーロに，約20%増加し，特に原発安全維持コストが3年間で2倍になったとしている。原子力発電のコストはガス発電の74ユーロ，地上風力発電の69ユーロより低いが，最近導入されたEDFに対する原子力発電の卸売価格である42ユーロよりも現実的にはもっと高いのではないかと考えられている。EDFも厳しい経営環境[5]を打開すべく原子力発電による電力の卸売価格の引き上げを要求している。恐らく，政府が干渉をやめ電力の完全自由化が達成されない限り，真の発電原価は見えてこないのであろう。原発事故という潜在的なリスクを考慮すれば，他の発電手段に比べ原発の発電単価が高いことはあらためていうまでもないし，その採算を最も懸念しているのは当の発電事業者に他ならないからである。そもそも，原子力発電は，他の発電手段と比較して，リスクの程度が全く異なるということが強調されなければならない。表面的な発電コストの比較だけでなく潜在的なリスクも考慮されなければならない。

6. 原発をやめられないフランス

ドイツやイタリア，スイスなどの近隣諸国が脱原発を決定したにもかかわらず，フランスではそれができないのはなぜだろうか。原発依存度が高いことも理由であるが，政治と社会の構造や特質に基づく理由もある。畑山［2012］によれば，「中央集権で官僚が強大な権限を握り，市場に強力に介入する国家のあり方＝『ディリジズム（国家主導主義）』が原発の推進には適していた。中央集権体制のもとで，エリート官僚を中心に政界と財界が結合した『原子力ムラ（le bunker nucléaire）』が形成され，閉鎖的サークルの中で原子力政策の形成・決定が行われ，ジャーナリストや研究者，地方自治体（行政・議会・住民）を巻き込んだ強固な原発推進体制が構築された」（畑山［2012］16頁）という。例えば，1964－1965年EDFのトップを務めたP. ギュヨマン（Pierre Guillaumant）は軍需大臣および原子力問題担当大臣を歴任した人物である。ジスカール・デスタン大統領の従兄であるジャック・ジスカール・デスタン（Jacques Giscard d'Esting）は国立行政学院（ENA）出身で，会計検査院を経た後，1975年からウラン鉱山会社の理事となる一方で，原子力庁の財務担当重役にも就任した。1999年までアレバの前身であるコジェマ（COGEMA）社の社長を務めたJ. シロタ（Jean Sirota）は，同時に，国立高等鉱山学院（MINE）の学長を長年兼務し同校出身者の技術系高級官僚を支配し続けた。ちなみに，現在でも3千人近くの同校出身者が原発の推進当局，規制当局，アレバ社等に分散して，そのトップの大半を占め続けている。ノーベル物理学賞受賞者G. シャルパク（Georges Charpak）も受賞後ジェマの理事に就任し，またEDFの元幹部が議員に転身する等々である。

このように有力な核官僚を中心として政官財の分野を横断する緊密な人的ネットワークが構築され，多様な人物が原発推進政策を決定・実施する閉鎖的な利益共同体である「原子力ムラ」が形成され，そこで原発政策が独占的に決定され推進されてきたのがフランスである。

このように見てくるとフランスでは「脱原発」が容易でないことがわかるが，光明として，前大統領のフランソワ・オランド氏は，2012年の大統領選の選挙公約として，2025年までに電力の原発依存度を現行の75％から50％に削減することを掲げた。オランド氏の政党である社会党と「脱原発」を掲げる緑の党との選挙協力に関する合意書の中には，最古の原発であるフッセンハイム原発の閉鎖をはじめ，老朽化した原発を順次閉鎖することで，依存度をさらに現在の3分の1に引き下げるとする取り決めがなされており（山口［2012］164-176頁），その方針を現大統領のマクロン氏も踏襲するとしている。

注

1 濃縮残滓がシベリアのセベリスク貨物ターミナルで貨車に乗せられたまま野ざらしになっていることに警鐘を鳴らす声もある。
2 World Nuclear Association Website より。
3 チェルノブイリおよび福島第一原発事故はともにレベル7である。
4 三菱重工株式会社ウェブサイト（http://www.mhi.co.jp/news/story/140807.html〔最終閲覧日：2016年10月7日〕）。
5「フランス電力の財政状態は公式には大丈夫だといわれていますが，蓋を開ければまったく違います。その怪しげな―ある意味破滅的な資金調達の方法を見ればわかるように，フランス電力は借金漬けの企業です。…同社の2010年1月1日現在の負債は425億ユーロであり，同売上総利益175億ユーロの2.4倍弱に膨らんでいます。しかも廃炉の解体作業のためにプールしておいた準備金を取り崩して120億ユーロ分を埋め合わせているにもかかわらずです。」（コリーヌ［2012］153-154頁）と同社の経営を懸念する声もある。

参考文献

World Nuclear Association Website（http://www.world-nuclear.org/information-library/country-profiles/countries-a-f/france.aspx〔最終閲覧日：2018年7月10日〕）.
アレバ社［2014］『年次報告書』。
熊本一規［2014］『電力改革と脱原発』緑風出版。
経済産業省資源エネルギー庁ウェブサイト（http://www.enecho.meti.go.jp/committee/council/electric_power_industry_subcommittee/007_001/pdf/001_007.pdf〔最終閲覧日：2018年7月20日〕）。
コリーヌ・ルパージュ著，大林薫訳［2012］『原発大国の真実』長崎出版。
社団法人海外電力調査会（JEPIC）（http://www.jepic.or.jp/data/ele/ele-04.html〔最終閲覧日：2018年7月20日〕）。

竹原あき子［2013］『原発大国とモナリザ』緑風出版。
バンジャマン＝ベルナール著，中原毅志訳［2012］『フランス発「脱原発」革命』明石書店。
畑山敏夫［2012］「現代フランスの原発と政治－原子力大国の黄昏か？」『佐賀大学経済論集』第45巻第4号，15-47頁。
フランス電力株式会社［2016］『年次報告書』。
三菱UFJリサーチ＆コンサルティング（株）「欧米主要国における原子力発電等に対する国の関与と会計検査に関する調査研究」（http://www.jbaudit.go.jp/effort/study/pdf/itaku_h26_1.pdf〔最終閲覧日：2018年7月20日〕）。
三菱重工業株式会社ウェブサイト（http://www.mhi.co.jp/news/story/140807.html〔最終閲覧日：2016年10月7日〕）。
山口昌子［2012］『原発大国フランスからの警告』ワニブックス。

（金子輝雄）

第10章 ドイツにおける電力事業改革と配電事業の再公営化

1. ドイツの電力事業改革から学ぶ意義：日本の電力事業改革の論点に関連して

ドイツの電力改革から何を学ぶべきか。それは，2011年3月の東京電力福島第一原子力発電所事故を契機に，さらに2016年4月に実施された電力完全自由化および将来予定されている発送電分離という電力事業改革の中で，提起されている論点をどのようにとらえるかに大きく関連している。

（1）日本における電力事業改革の論点

第1の論点は，エネルギー源ないしはエネルギー・ミックスを巡る論点である。地球温暖化防止のために化石燃料（石油・石炭・ガス）抑制の方向は大方の一致を見ているが，脱原発を行い，再生可能エネルギーの普及・拡大を図るかどうかである。第2の論点は，発電・送電・配電・小売りからなる電力事業を，集中型エネルギーシステム中心とするか，分散型エネルギーシステムを中心とするかの対立である[1]。ここで，集中型エネルギーとは，大規模な火力発電所や原子力発電所と大消費地を大容量の送電線でつなぐという在来型のシステムであり，分散型は，再生可能エネルギーやコージェネレーション（熱電併給）などの分散型電源と地域消費地を配電網によってつなぐという地産地消型のシステムである（図表10-1）。したがって，2つの論点は相互に関連していることがわかる。

福島原発事故の教訓から脱原発の方向を目指すべきであり，同時に化石燃料による発電を抑制し，再生可能エネルギーの普及拡大から分散型エネルギーシ

図表 10-1　公営電力の方向性：電源分散化による配電網の地域発電所への転化

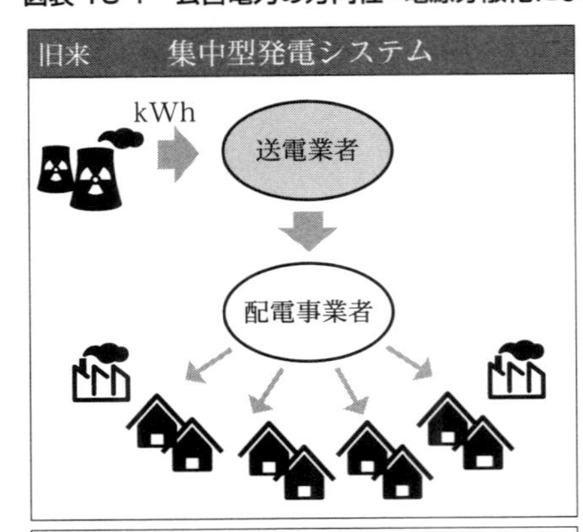

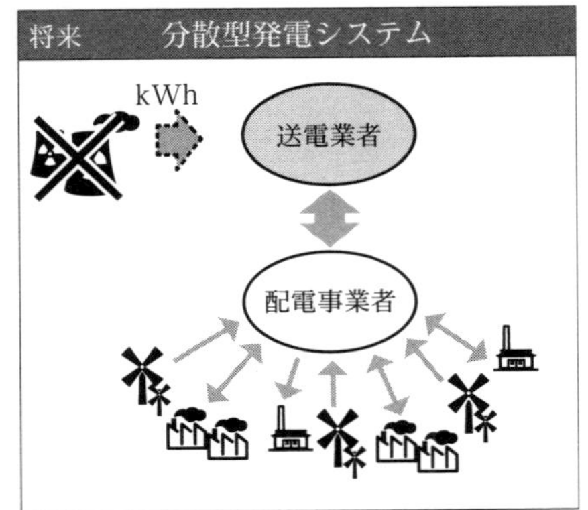

発電所は主に送電業者（ÜNB）が制御 垂直的負荷電流は（ÜNB）から配電事業者（Verteilnetze Betreiber）への一方通行	発電の役割を配電網に移転 双方向的垂直負荷電流の増加 配電事業者によるシステム運営の比重の増加 →分散電力供給の分散制御

出所：Andreas Roß, Vom Versorgungsnetz zum Fläschenkraftswerk: Strategische Herausforderungen für die Verteilnetze, VKU-Stadtwerkekongress, 16./17.September 2015. in Osnabrück.

ステムに移行すべきである，というのが筆者の立場である。

この立場から，2014年4月の閣議決定「エネルギー基本計画」（以下，「基本計画」）と2015年7月の経済産業省「長期エネルギー需給見通し」に基づいて，現在の政府が採用している政策方向を見ると，次のような問題がある。

第1は，2030年度で発電量の20%から22%程度を原子力発電でまかなおうとし，脱原発を明言していないことである。[2]「可能な限り（原発）依存度を低減する」（「需給見通し」7頁また「基本計画」22頁）としつつも，20%を維持するのは，原発を安定的でコストが安い「ベースロード」電源と位置づけているからである。政府のエネルギー政策の基本的視点は，3E（Energy Security：安定供給，Economic Efficiency：経済効率性＝低コスト，Environment：環境負荷低減）＋S（Safety：安全性）といわれるが，原発の安全性は，規制基準が世界最高水準にあるから担保されていると述べるにとどまり，実際はコストと安定供給が優先されていると思われるのである。原発が低コストであるという点はここでは問題にしないが，原発をベースロード電源に位置づけるもう1つの理由は，再生可能エネルギー普及に限界があると見ているからである。すなわち，「自然条件によって出力が大きく変動し，調整電源としての火力を伴う太陽光・風力は，国民負担抑制とのバランスを踏まえつつ，電力コストを現状よりも引き下げる範囲で最大限度導入する」（「需給見通し」6頁）と述べ，太陽光や風力などの再生エネルギーは自然条件に制約されるという不安定性をもつとともに，その普及が固定価格買取制による賦課金を増加させ，電気料金の引き上げをもたらすと見ているからである。

第2は，分散型システムの優先が明示されていないことである。たしかに，『需給見通し』では，多様なエネルギー源の活用として「住宅用太陽光発電の導入や廃熱回収・再生可能エネルギー熱を含む熱利用の面的な拡大など地産地消の取組を推進する。また，分散型エネルギーシステムとして活用が期待されるエネファームを含むコージェネレーション（1,190億kWh程度）の導入促進を図る」（11頁）とされている。しかしながら，分散型エネルギーシステムが，これまでの集中型エネルギーシステムとどのような関係があるかが全く不明なままである。好意的に解釈すれば，集中型を基本とし，分散型はその補完と位置づけているといえるかもしれない（高橋［2016］34頁）。

(2) ドイツの電力事業改革の特徴と論点

こうした2つの論点について，ドイツから，私たちは学ぶ意義があるように思われる。まず，第1の論点に対しては，もちろん，脱原発と再生可能エネルギー導入の先進国としてドイツの積極面を学ぶと同時に，再生可能エネルギーの普及が固定価格買取料金の増加をもたらし，電力料金の値上げにつながっていることに関連してドイツではどのように議論されているかについて学ぶ必要がある。

次に第2の論点に対しては，確かにドイツでも依然として解決されていないが，ドイツでは，送電システムの再構築が高い費用をうみだしていることを背景に分散型エネルギーシステムの必要が叫ばれている。このとき，ドイツにおける分散型エネルギーシステムの柱として期待されるのが，協同組合などの市民エネルギー会社とともに，地域における公営の発電と配電事業者の存在である。

図表10-1は，2015年9月のドイツ公営企業連盟主催の会議Stadtwerke2015でチューリングエネルギー株式会社のAndreas Roß氏の報告「供給網から地域発電所へ：配電事業者にとっての挑戦的戦略」において，旧来の集中型と対比させて，将来の分散型発電システムを説明した図である。公営電力事業が，この分散型の中核になることを主張したものである。

ドイツの公営電力事業者は交通事業や水道・ガス・暖房事業を横断的に経営するStadtwerke（都市公社）として経営されてきたという長い伝統を有する（Ambrosius［2012］）が，後述するように1980年代に自由化と民営化政策の中で，4大電力の支配が強まり，完全民営化や公私混合企業化された。しかし，2000年代後半以降，再公営化[3]が進行するのであり，その目的の1つがエネルギー転換とそれに伴う分散型エネルギーシステムの構築なのである。

対して，わが国の地方公営企業は水力発電を中心に量的にも限定的（発電量の1%）で，九電力への卸売り電力に限定されてきた。電力自由化の中でも，発電と小売を中心に創業されており，今後における役割を考えるためにも，ドイツにおける配電事業の再公営化の動きから学ぶべき意義は大きい。Stadtwerkeを日本にも導入すべきであるという考え方は総務省の研究会（総務省［2014］）でも検討されているのである[4]。

とはいえ，日本とドイツにおける歴史的経緯の相異[5]を別にしても，ドイツにおける電力事業の再公営化がどのような経緯と背景および目的を有して行われ，どのような問題点を有しているのかを見ることが必要である。ただし，我が国の電力完全自由化に際して言われるところの「発送電分離」は，発電・小売事業と送配電事業の分離であって，ドイツのように送電事業と配電事業が分離されていない（桜井［2015］110頁）。電力の完全自由化の中で，両者の分離が検討されるべきである。

2. ドイツにおけるエネルギー転換と料金問題

（1）エネルギー転換の現状

ドイツにおけるエネルギー転換（Energiewende）政策を，再生可能エネルギーの普及・拡大政策を中心に述べる（脱原発廃炉問題に関しては桜井［2017］参照）。

再生可能エネルギーの普及拡大は，1991年の電力供給接続法（Stromeinspeisungsgesetz）に始まるが，その対象は主に風力発電設備に限定されていたのであり，本格的な普及拡大は，殆どの再生可能エネルギーに対象が広げられた2000年の再生可能エネルギー法（Erneuerbaren-Energie Gesetz）とその改正による優遇措置によって行われた。その中心は優先接続と固定価格買取制である。2000年には固定価格買取制による再生可能エネルギーの発電量は100億kWh（固定価格買取制の適用を受けない再生可能エネルギーの発電量は220億kWh）でしかなかったが，2004年には390億kWh（同180億kWh），2012年に1,180億kWh（同250億kWh），2014年には1,360億kWh（同250億kWh）となっている。内訳は，陸上風力，バイオマス，太陽光，ガス，洋上風力の順となっている（BMWi［2015b］p.26）。

現行の2014年法では，再生可能エネルギーが発電総量に占める割合を，2025年に40%から45%，2035年には55%から60%，さらに2050年には少なくとも80%にすることが目標とされている。そのことによって，最終エネルギー消費量に占める再生可能エネルギーの割合を，2020年には少なくとも18%，2030年には30%，2050年には60%にすることが目標である。2014年現在の実績値は，発電総量と最終エネルギー消費量に占める再生可能エネルギーの各々の比率は27.4%，13.5%であるから，さらに，拡大することが意図されている（BMWi［2015b］pp.8-9）。

こうした再生可能エネルギーの拡大は，いうまでもなく，化石燃料使用量を減らし，地球温暖化排出ガスを削減するためである。削減目標は，1990年比で，

2020年に少なくとも40%，2050年に少なくとも80%から90%である。もちろん，この地球温暖化排出ガス削減は，再生可能エネルギーの拡大だけでは達成し得ず，電力消費量の削減（2020年までに10%，2050年までに25%）およびエネルギー消費量の削減（各々, 20%, 50%）も並行して行われる（BMWi［2015b］p.7）。

(2) 再エネ賦課金と電気料金上昇

しかしながら，この固定価格買取制による再生可能エネルギーの普及・拡大には大きな問題点が生じている。発電量の増加に伴って固定価格買取制による補償金総額が増加し，それが電気料金の値上げを引き起こしているという問題である。この問題は，我が国における再生可能エネルギー普及拡大に対する批判の根拠ともなっている。

たしかに，補償金総額は2000年の8億8,300万ユーロから，2004年に36億1,100万ユーロ，2008年90億1,600万ユーロ，2012年に210億800万ユーロへ増加し，kWh当たりに換算すると，各々8.5セント，9.4セント，12.7セント，18.3セントとなった（BMWi［2015］p.27）。

図表10-2　年間3500kWh使用家庭顧客の電気料金（加重平均）と構成

	エネルギー調達，販売，その他の費用およびマージン	送配電費	諸賦課金	うち再エネ賦課金	税	1Kw あたり料金（セント）
2006年4月1日	23.7%	38.6%	13.1%	4.6%	24.6%	18.93
2009年4月1日	36.7%	25.5%	12.8%	5.0%	25.0%	22.75
2012年4月1日	32.2%	23.2%	20.8%	13.8%	23.8%	26.06
2014年4月1日	26.6%	22.1%	28.3%	21.1%	22.9%	29.53

出所：BNetzA und BKartA［2016］pp.214-215から筆者作成。

年間3,500kWhを利用する標準世帯（3人家族）の1kWh当たりの電気料金は（**図表10-2**），連邦ネット庁（Bundesnetzagentur）と連邦カルテル庁（Bundeskartellamt）作成の『モニタリングレポート』によれば，2006年に18.93セントから2009年22.75セント，2014年29.53セントへと上昇しているが，それは再エネ賦課金の上昇によるところが大きい。再エネ賦課金の割合は4.6%から5.0%，21.1%にも達しているのである。

そのため連邦政府は，2014年の再エネ法改正で固定価格買取料金を引き下げるとともに，後述する市場プレミアム制を導入することを決め，さらに，太陽光発電を抑制し，風力発電の拡大をさせ，2017年から入札制を導入することなどによって再生エネ賦課金の抑制を図ろうとしている（BMWi［2015b］p.6）。

以上見たように，再生可能エネルギーの普及が固定価格買取制による賦課金の増大を通じて，電気料金の引き上げにつながっていることは否定できない。しかしながら，このことは，批判者が主張するように再生可能エネルギー拡大を否定する根拠にはならない。その理由は次の3点である。1つは，再エネの普及・拡大により発電コストが安くなると予測されていることである（Agora Energiewende［2015］p.17）。もう1つは，アンケート結果に示されているように，再エネ普及拡大のために料金引き上げもやむを得ないとドイツ国民は考えていることである（一柳［2015］）。最後は，賦課金のメカニズムの問題である。端的にいえば，大口使用者に対する賦課金減免措置があることによって，家庭用電気料金に対する賦課金が必要以上に増大しているという問題である。この最後の点について，以下でやや詳しく検討したい。

（3）再エネ賦課金の算出方法と構成要素

まず，再エネ賦課金の算出方法について説明しよう。それは，①次年度の予測賦課金総額を②次年度の再エネ賦課金支払義務のある予測最終消費電力量で割った値で決定される。前者は，2012年以前までは①a）発電設備を運営する再エネ事業者の供給電力量に対して送電事業者が支払う翌年度の予測補償金額（各電源モード別に設定される1kWh当たりの固定補償金）とその関連費用から，①b）送電事業者が取引所で再エネ売却で得た収入を引いた金額であったが，2012年に市場プレミアム制が導入され，従前の①a）と並んで，①a'）として，固定的な補償金額から再エネ業者が販売した収入を控除した金額＝市場プレミアム金が支払われるようになった。

以上は予測値で計算するので，①c）年途中で再エネ発電能力が増加する場合に備えての流動準備金や①d）送電事業者の賦課金口座の実際額が賦課金総額に入る。②の賦課金算出基礎最終消費電力量の予測値は，②a）ドイツ全体の最終電力消費量から②b）一定割合の賦課金減免を受ける優遇最終消費電力量予測値と自家発電最終消費電力量予測値を控除した値で算出される。

したがって，1kWhの賦課金の値の分子である①賦課金総額は，固定買取価格および再エネ発電量だけでなく，送電事業者が取引所で売却した収入や再生エネ業者が直接運用で得られた収入によって増減するし，分母の②の賦課金関連の最終消費電力量も，最終消費電力量および優遇される例外扱い事業者の最終消費電力量や自家発電量によっても左右されることになる（Netztransparenz［2014］）。

ドイツ再生可能エネルギー連盟（Bundesverband Erneuerbare Energie e.V）によれば，2012年から3ヶ年の再エネ賦課金の上昇の原因は，本来の再エネ業者奨励金だけではなく，取引所での電力価格の低下，例外扱いの事業者の優遇などにあるとされる（**図表10-3**参照）。電力価格の低下の要因として，再エネ発電量の増加に伴う発電コストの低下，CO_2証書の価格の低下，さらに，電力消費量全体の低下があげられている（BEE［2013］p.7）。

図表10-3　再エネ賦課金増加要因

	2012年	2013年	2014年
純粋奨励費	60.4%	45.4%	40.6%
取引所価格の低下	16.2%	20.9%	23.5%
産業優遇	22.6%	17.5%	20.1%
前年繰り越し	—	12.0%	9.4%
流動準備金	—	2.3%	4.3%
市場プレミアム	0.8%	2.1%	2.1%
合計	100.0%	100.0%	100.0%
増加金額（セント/kWh）	3.59	5.27	6.26

出所：BEE［2013］p.5より作成。

ここでは，例外扱いとされ，優遇される消費電力量についてやや詳しく述べることとする。2004年の再エネ法改正によって導入された特別調整規則に基づいて，国際競争力の維持や鉄道のモーダル間競争の理由から，電力多消費企業に対して再エネ賦課金が減免されるとともに，自家発電自家消費者に対しても免除された。

導入当初は電力費が総生産の20%を超える企業や使用電力量が年間10GWhを超える企業に限定されていたが，2012年の改定で1GWh以上の企業や電力費が生産費の14%の企業に拡大された。最高で1kWh当たり0.05セントまで，最低でも再エネ賦課金の10%が減免されるのである。2012年の適用会社数は735社，電力使用量は854億GWh，負担軽減額は25億ユーロであったが，2014年には各々，2,098社，1,080億GWh（ドイツ全体の約23%），51億ユーロとなっている。なお，2016年には，EUからの抗議で，エネルギー効率性に基づいた基準を採用しているが，基本的には同じである。2016年の対象企業数は2137社である[6]。政府の公表文書でも，再エネ賦課金にしめる負担軽減額は，2012年の0.64セントから2014年1.36セント，2015年1.37セントに達しているのである（BMWi und BAFA［2015］p.15）。

Agora Energiewendeは，既に紹介したように再エネ賦課金と電気料金は低下していくと指摘している。その際，取引市場での電力料金や電力使用量の影響とともに例外調整による負担軽減が再エネ賦課金に与える影響についてもシミュレーションを行っている。基本的にはこれらの影響があっても，賦課金は全体として低下していることを予測しているが，特に，例外調整による負担軽減がなければ，さらに賦課金が大幅に低下することを主張している（Agora Energiewende［2015］p.24）。

(4) 電気料金再論：大口使用者への減免

さらに，大口使用者にはその他の優遇措置がある。送配電利用料金規則（Stromnetzentgeltverordnung）第19条第2項第1段に基づく送配電利用料金の最大80%の減免，電気税法第9a条に基づく，電解，磁器・金属生産，化学工

図表 10-4　1kWh あたりの料金(セント)構成比較(2015 年 4 月 1 日)

		年間24GWh使用		年間 50MWh 使用	年間 3500kWh 使用家庭 顧客
供給事業者に影響されない料金構成要素		優遇無し	優遇あり		
	送配電利用料	2.06	0.41	5.44	5.94
	メーター，精査， メーター設置場所管理	0.06	0.06	0.33	0.65
	特許納付金	0.12	0.00	0.97	1.63
	再エネ賦課金	6.17	0.31	6.17	6.17
	その他の賦課金	0.16	0.00	0.45	0.45
	電気税	2.05	0.00	2.05	2.05
	売上税	—	—	—	4.65
供給業者に影響される料金構成要素		4.19	4.19	6.08	7.57
料金合計		14.80	4.97	21.47	29.11

注 1：その他の賦課金は，熱電併給法賦課金，電力報酬規則 19 条賦課金，オフショア責任賦課金，給電停止賦課金である。
注 2：家庭顧客の供給業者に影響される料金構成要素はエネルギー調達，販売その他の費用およびマージン(利益)である。
出所：BNetzA und BKartA〔2016〕pp.196,198,199,212 から作成。

業などの一定の製造事業者に対する電気税の全額免除，電気・ガスに関する特許納付金規則（Konzessionsabgabenverordnung）第 2 条第 4 項第一段に基づく，その特別契約料金が特別契約料金全体の平均料金以下の事業者に対する地方自治体に納める特許納付金の完全免除，その他，熱電併給法第 9 条やエネルギー事業法第 17 条以下に基づく諸納付金の減免がある。

再エネ賦課金の免除やこうした優遇措置によって，電力の大口利用者は標準的な家庭利用者（売上税を除くと 24.46 セント）はもちろん，小口の利用者（21.47 セント）に比較しても，電気料金（4.97 セント）は極めて安価なのである（**図表 10-4** 参照）。

以上にみたように，賦課金のメカニズムおよび電気料金算定における大口使用者による優遇措置によって，家庭用電気料金が必要以上に高くなっているのである。再生可能エネルギーの発電コストが将来，低減することが予想されることと，再生可能エネルギーの便益を考慮した国民の受容性とを併せて考えるとき，再生可能エネルギーの拡大が電気料金を引き上げるという再生可能エネルギー普及拡大への単純な批判はそのままでは受け入れられないのではないだろうか。

3. 配電事業の再公営化の実際と背景

（1）ドイツの電力事業の企業構造とその転換：自由化・民営化と再公営化

① ドイツの電力事業の企業構造

配電事業の再公営化について述べる前に，1980年代における電力事業の自由化と民営化について簡単にふれておこう。

第二次大戦後（以下，断りがない場合，1991年より前は西ドイツ）のドイツ電力事業は，全国レベルの結合企業（Verbundunternehmen），州レベルの地域供給事業者（Regionalversorger）および市町村レベルの地方供給事業者（Lokalversorger）の3階層の企業群から形成されていた（Ambrosius［1984］pp.121-122）。結合企業は，送配電線事業だけでなく，発電や小売り事業でも大きなシェアを有しており，1997年末には8社が存在していた（8大電力：HEW, Preußen Elektra, RWE, VEW, EnBW, Bayernwerk, VEAG, Bewag）。これら8社が共同出資するドイツ送電連系組合（Deutsche Verbundgesellschaft e.V.：DVG）が，電力の全国的管理を行っていたのである。次に，地域供給事業者は約70事業体が存在し，結合企業から買電するとともに自らも発電・小売をしており，地方供給業者にも売電していた。最後に，地方供給業者は約1,000存在し，発電とともに配電および小売りも行っていた（Gebhard［2010］pp.10-13）。そして，これらの多くは，いうまでもなく，公営および公私混合企業であり[7]，地方供給業者の多くは，冒頭で触れたように，Stadtwerkeの形態で経営されていた。

②　自由化と民営化

しかしながら，この電力事業の構造は，1996年のEU指令に基づいて公布された1998年のエネルギー経済法の電力自由化とそれに伴う民営化の中で大きく変貌する。

まず，自由化の過程で，結合企業は8大電力から4大電力（E.ON, RWE, Vattenfall, EnBW）に集約されるとともに，2005年の発送電分離によって，4つの送電会社が設立された（桜井［2015］114頁）。さらに，地域供給事業者も2001年には31社になるとともに，4大電力の子会社とされる。また地方供給事業者の合同も行われた（Gebhard［2010］pp.36-39）。

そして，この過程で，公営電力事業者＝Stadtwerkeの民営化が起こるのである（1991年6月から今日までのドイツ電力事業・政策の詳細な一覧はUdo-leuscher〔n.d.〕を参照）。とはいえ，ここで重要なのは，次の2点である。

第1は，民営化で完全民営化されたのは，ベルリン（Bewagを1997年までに売却，後にVattenfallに帰属），ハンブルク（HEWを1997年から2000年までにVattenfallに売却），シュツットガルト（1997年から2003年までにTWSをEnBWに売却）およびブレーメン（1995年から2000年までにRWEに売却）の4つの大都市のみで，他は，株式の売却による部分売却であった。この過程でVKU（ドイツ公営企業連盟）に属する企業1,000のうち350が公私混合企業であったといわれる（Schöneich［2014］p.78）。

第2は，完全民営化の場合でも，市町村は配電線を公道に敷設する権利（Wegerecht）＝特許権（Konzzession）を有しているということである。この権利はエネルギー経済法第46条で明記されており，市町村は配電事業者と特許契約を締結し，配電線の運営管理のために公道を利用させることとされている。同法第48条で特許納付金の税率も規定されている。なお特許権は，1938年の電気事業法と関連法規で法制化されたものであるが，実際には歴史が古く，ガス事業でも初期から用いられていた。電力事業で最初に特許権を用いて私営電力会社を認可したのは，1885年のベルリン市である（詳細はSakurai［2017］）。

特許契約は最長20年とされ，2009年から2015年にかけて推定1万4,300の特許契約のうち約7,800が期限切れとなるとVKUは予想している（Wuppertal

Institut für Klima, Umwelt, Energie［2013］p.3)。このことが，2000年代後半における配電事業再公営化の法的根拠を形成するのである。

③　再公営化の進行

それでは，どのように電力事業の再公営化[8]が進行したのか。

まず，マクロレベルで見ると，公営電力事業者数は，2004年に655にまで減少するが，その後，2011年には935まで増加もし，それに応じて，売上高も370億ユーロから1270億ユーロにまで3.4倍増加している（Handelsblatt Research Institut［2015］p.14)。被用者数も，これらの数字ほどではないが[9]，2002年の約9万9,000人から2004年に8万3,500人まで減少するが，2011年にはほぼ2002年水準まで回復する（Handelsblatt Research Institut［2015］p.35)。設備容量も2008年の1万3,300MWから2013年に2万2,600MWに増加している（Handelsblatt Research Institut［2015］p.49)。

また，電力に水道，ガス，熱暖房を加えたエネルギー部門の公営企業の売上高は，2000年の520億ユーロから2011年には1450億ユーロに達し，対GDP比率は2.54%から5.55%に達している（Monopolkommission［2014］p.442)。

個別に見ても，完全民営化された大都市のうち，ハンブルクやシュツットガルトで再公営化が行われ，ベルリンでも議論されている。また，殆どが部分民営化された中小都市でも，株式取得を通じて再公営化されただけでなく，Stadtwerkeが新設されている。新設数は，Wuppertal研究所の調査では70に達している（Wuppertal Institut für Klima, Umwelt, Energie［2013］p.25)。個別事例については，桜井［2013］，桜井［2015］を参照されたい。

(2) 再公営化の背景

こうした再公営化の背景は何か。制度的背景は，前述の特許契約期限の到来であるが，より積極的背景として，①民営化の失敗（Friedländer［2013］p.13；Naumann［2011］p.71）とそれに関連した世論の変化，②市民運動の2つをあげることができる[10]（Bauer［2012］p.23およびRöber［2012］p.84)。

①　背景１：民営化の失敗と世論の変化

既に別稿（桜井［2013］；桜井［2015］）で紹介したように，民間の配電会社は収益を上げるため，配電網の維持・修繕等の投資を怠り，不安定な電気供給を強いられていたのである。例えば，人口約１万７千人のドイツ中西部に位置するニュームブレヒト（Nümbrecht）では，RWE に 550 万ユーロを支払って配電網を引き継いだが，配電網の状態は「荒廃」しており，その技術水準は部分的には 50 年代のものであり，250 万ユーロの投資をせざるをえなかったという（Wuppertal Institut für Klima, Umwelt, Energie［2013］p.58）。同様な事例は，ウムキルヒ（Umkirch），ミュンスターラント（Münsterland），ボーデンゼー（Bodensee），ボホルト（Bocholt）などでも見られる（Wuppertal Institut für Klima, Umwelt, Energie［2013］pp.55－59）。また，ドイツ第２の都市ハンブルクでは，2002 年にハンブルク電力事業（HEW）の株式が Vattenfall に売却されたが，その結果，料金が上昇し，2007 年に，市長が「民営化は失敗であり，我々は時計を戻した」と語り（Halmer and Hauenschild［2014］p.60），再公営化が進められた。まず，2009 年にハンブルク・エネルギーが設立され，配電会社（ハンブルク配電有限会社：Stromnetz Hamburg GmbH：SNH, 資本金１億ユーロ）の株式を 25.1% 買い戻すこととなったのである（この点は次章，参照）。

再公営化の進展は，「私企業は公企業よりも効率的であるという『呪文』は実践的にはいうまでもなく，理論的にも確定されていない」（Friedländer［2013］p.14）[11]ということを物語っているのである。

2008 年に実施された Forsa のアンケート調査では，民営化後の料金が高くなったと回答した市民の割合は，調査対象事業（電気通信，小包，郵便，ごみ処理，エネルギー供給，鉄道）の中でエネルギー供給が最も高く 78% であった。また，民営化後のサービスの質についても，エネルギー供給は「悪い」と応えた割合は 37% で，「良い」の 17% を上回っていた（Gerstlberger und Siegl［2009］pp.16－17）。

こうした世論の動向に関連して，Theuvsen und Zschache［2011］は，「マスメディアの議論に現れた自治体企業の民営化」という論文において，1996 年から 2008 年までのドイツを代表する２つの新聞，「左寄りのリベラル派」の南ドイツ新聞と「右寄りの保守派」のフランクフルター・アルゲマイネの新聞記事[12]を調査し，1997年から98年までは，民営化賛成論の意見数は再公営化賛成論の2倍近くあったが，2000年前後から，両者は接近し，逆転することはなかったとはいえ，年によっては同数になったことを結論の1つとしている。

②　背景2：市民請願運動

背景の第2は，市民請願運動である。それは，民営化計画を阻止する役割を果たすと同時に再公営化をする上でも大きな役割を果たしたのである。市民請願運動が再公営化の最大の背景の1つであることは，連邦カルテル庁報告書『企業家としての国家―競争法上の文脈における（再）民営化』も，「（再公営化の起源の1つは），生存配慮の分野は民主的なコントロールの下で公的団体によって経営されるべきであると主張する市民請願である」（Bundeskartellamt［2014］p.4）と指摘しているところからも分かる。

民営化計画を阻止する市民請願は，Stadtwerkeに限定すれば，2001年デュッセルドルフ（Düsseldorf），ハム（Hamm），2002年ミュンスター（Münster），2003年ラテインゲン（Ratingen），2008年のライプチッヒ（Leipzig）の各市で見られた（Theobald［2011］p.58, Röber［2012］p.231）。

再公営化を要求する市民請願は，電力事業の完全民営化された4都市のうち，ブレーメンを除く3都市，ハンブルク，ベルリンおよびシュツットガルトで見られた。

この著名な事例は，ハンブルク市とベルリン市の場合である。ハンブルク市では，既に述べたように，民営化の失敗からハンブルク・エネルギーが設立され，配電会社への24.1%への出資がなされていたが，配電網の完全な買い戻しは実現していなかった。ハンブルク市の市民運動組織「私たちのハンブルク・私たちの供給網」（Unser Hamburg – Unser Netz）は2010年7月に，VattenfallとE.ONの支配から供給網を公的団体に100%取り戻すことを目標に，市民請願署名を開始した。2011年6月に11万6197筆の署名が集まり，その結果，2013年9月の連邦議会選挙と同時に市民投票が実施され，50.9%の賛成で，配電部門の買い戻し提案は可決された（桜井［2013］66頁）。その後，2014年1月16日に都市事業体の残りの74.9%の株式をハンブルク市が購入した（Unser-Hamburg, Unser-Netzのウェブサイト）。これに対して，ベルリンでは，市民団体Berliner EnergietischがStadtwerkeと配電網会社設立を内容とする「ベルリンにおける民主的・環境保全的・社会的エネルギー供給に関する法案」作成の市民請願運動を展開し，2013年11月3日に市民投票が実施されたが，投票者の83%の賛成を得たものの，有権者の24.1%にとどまり，請願採択に必要な25%を超えられなかった（宇野［2016］26-28頁）。なお，ベルリンの場合，事態を複雑にしているのは，Berliner Energietischに加えて，協同組合を中心とする市民団体だけでなく，ベルリン市当局も再公営化を目指しているということである（2015年9月15日のWolfgang Neldner州ベルリン・エネルギー局（Landesbetrieb Berlin Energie）局長への桜井のインタビューによる）[13]。

（3）再公営化の目的

①　目的の多様性

再公営化の目的は多様であるが，再公営化の背景からは①市民・消費者の利益になるような電力供給，②市民参加，③再生可能エネルギーを含む分散型エネルギーシステムの構築が演繹されよう。さらに④関連産業や雇用の拡大を通じた地域経済の活性化および⑤収益拡大による自治体財政収入確保や交通事業の赤字補填やその他の公共サービスへの支出などが付け加わる。Wuppertal研究所は再公営化の目的を10に分類している[14]が，上記の5つに集約しうると思われる。また連邦カルテル庁の目的ないしは根拠に関する記述も[15]，市民参加を除くとほぼ同様である。

②　目的としてのエネルギー転換

これらの目的の中でも，特に重要なのは，冒頭で指摘したように，環境保護と分散型エネルギーシステム構築という目的である。

再生エネルギー発電の比重を高めることが再公営化の目的である代表例は，シュプリンゲ（Springe）市の場合である（Halmer and Hauenschild［2014］pp.67-

68）。ベルリン市で再公営化を要求する市民団体Berliner Energietischが，2012年に市民請願に添付した法案「ベルリンにおける民主的・環境的・社会的エネルギー供給法案」にも第2条「任務と目的」で，「このStadtwerkeは，長期的には分散的に発電される再生可能エネルギーでベルリンのエネルギー供給を100％行うことに寄与する」（Berliner Energietisch［2013］）と明記している。また，2014年に配電網の買い戻しを決定したシュツットガルト市の場合も，市長は，「より『グリーン』なエネルギーを利用するために」と述べている（Stadt kauft Energienetze zurück, Stuttgarter Nachrichten vom 27.02.2014）。

この再生可能エネルギー発電は，熱電併給とともに，分散型発電システムを必要とし，協同組合や市民出資企業と並んで，Stadtwerkeがその中核を担うことが要請されるのである（Richter und Thomas［2009］pp.135－137；Friedländer［2013］p.28；Shöneich［2012］p.84）。

とはいえ，2015年現在のStadtwerkeの発電容量23, 975MWの内訳は，熱電併給が10,376MW，コンデンサー型発電9.629MW，再生可能エネルギー3,970MWとなっており（http://www.vku.de/grafiken-und-umfragen/energiewirtschaft.html〔最終閲覧日：2017年3月8日〕），Stadtwerkeは熱電併給に重点があり，再生可能エネルギー拡大に熱心ではなかった。再公営化運動の中で，そうした方向に転換することが求められているのである。[16]

（4）再公営化の評価：肯定と否定

これらの目的が，実際にどこまで，達成されているかは，再公営化を肯定的に把握する調査・研究と否定的に把握するそれでは大きく異なっている。前者（Wuppertal Institut für Klima, Umwelt, Energie［2013］）は，おおむね達成されていると見ている。後者（Bundeskartellamt［2014］やHandelsblatt Research Institut［2015］）は，再公営化による電力事業の利益拡大は財政収入目的に適合的だが，それは電力価格の低下と矛盾するというように目的間矛盾を指摘したり，民営電力事業に比較して公営は価格が高いことや，公営では雇用削減が行われていることなど，目的が実現していないことも実証しようとしている。特にエネルギー転換に関連して，一方では投資負担の増加が，他方では小規模配電部門の形成＝規模の利益の喪失が，費用の増加をもたらし，そのことが経営悪化ないしは電力料金の引き上げにつながるのではないかとする批判がなされている（Friedländer［2013］pp.32－33；Bundeskartellamt［2014］p.18；Handelsblatt Research Institut［2015］p.54）。さらに，買収がなされた場合は，その費用負担も付け加わるのである。

これに関連して指摘しなければならないのは，Stadtwerkeの経営状態の悪化が見られるようになっていることである。実際に，2014年にゲラ市（Gera：人口約10万人）やヴァンツレーベン市（Wanzleben）のStadtwerkeが破産し，各々民間の電力業者に売却されるという事態が発生している。また，2016年3月に公表されたKPMG（会計事務所）の調査では，429のStadtwerkeにおいて売上高利益率（売上高÷EBITDA）[17]が2009年の12.3%から2013年に11.3%に低下し，債務残高の増加（85億ユーロから139億ユーロ）や債務比率（純債務÷EBITDA）の上昇（1.0から1.6）が見られたこと，さらに持株会社となっているStadtwerkeのそれらの値はさらに悪いことが指摘されている（Lehmann-Grube［2016］p.4）[18]。

このような経営状態の悪化を見てくると，今後とも再公営化が進むかどうかは，不明である。既に述べたように，ベルリン市での模索やシュトゥットガルト市での動向に見られるように，公私混合企業形態が進展するとも考えられる。他方では配電網の引受に際しての賃貸モデル（Deutscher Städtetag et al［2013］）や，資金調達への協同組合や個人を通じての市民参加も模索され，一部は実施されている（VKU［2016］）。

4. むすびに代えて

本章の課題は，我が国の電力事業改革に係わる2つの論点，脱原発による再生可能エネルギーと料金問題，分散型エネルギーシステム構築における地方公営企業の役割に関して，ドイツから学ぶことにあった。

前者では，ドイツにおける再生可能エネルギーの比重が着実に上昇してきていることと同時に，再エネ賦課金の増加が家庭用電力料金の値上げをもたらしているという批判について，3つの点を考慮する必要があることを指摘した。1つは，近い将来，再エネの普及拡大により発電コストが低下すること，もう1つは，大口使用者に対する優遇措置がなされていることである。さらに，多くのドイツ国民が再生可能エネルギーを受容していることである。

後者では，地方公営企業の役割を量的・質的に高めた2000年代後半における再公営化に焦点を当て，民営化の失敗と市民請願運動を背景とし，地域経済活性化とともに，特にエネルギー転換に伴う分散型エネルギーシステムの構築が大きな目的の1つであったことと同時に困難も伴っている現状を指摘した。

我が国では，第2次大戦後の9電力独占体制の中で，水力発電を中心に限定的にしか地方公営企業は役割を果たしてこなかったが，電力の完全自由化の中で，まずは発電と小売事業で新規に創業する動きが見られる。今後は，発送電分離を迎えることを考慮するとき，配電事業への進出を含めて，分散型エネルギーシステムにおいて地方公営企業が中核的役割を果たしてもよいように思われるのである。

注

1 電力システムにおける集中型と分散型の説明に関しては，高橋［2016］を参照。

2「長期エネルギー需給見通し」では，2030年度の年間総発電電力量を1兆650億kWhと推定し，電源を，再生可能エネルギー22-24%（水力8.8-9.2%，太陽光7.0%，風力1.7%，バイオマス3.7-4.6%，地熱1.0-1.1%），原子力20-22%，LNG 27%，石炭26%，石油3%と推定している。2018年7月「第5次エネルギー基本計画」が閣議決定され，公表されたが，「再生可能エネルギーの主力電源化に向けた取り組み」が述べられているものの，基本的には，第4次エネルギー計画とほぼ同一である。

3 ドイツにおける再公営化は，電力事業（桜井［2015］）が中心だが，清掃事業（桜井［2013］）や水道事業（宇野［2016］）でも見られる。

4 柏木［2014］やDewitt［2015］でも見られる。名古屋大学の竹内恒夫氏は，CO_2削減や防災に強い街作り，および地域経済活性化のためにも分散型エネルギーシステムが優れていることを述べた上で，そのモデルとして電力全面自由化後のドイツにおいて，再エネやコージェネレーション発電と配電・小売りにおいて

Stadtwerkeが果たしている事例を分析されている（竹内［2016］）。また，高橋［2012］も参照。

5 この点については，日本とドイツにおける各々の最初の都市電力会社である東京電燈とベルリン電気会社（Bewag）の比較検討を行ったSakurai［2017］を参照。また，電力事業の歴史的経緯に関する簡潔な比較は大澤・高橋・村上［2012］，参照。

6 この会社名とその事業者のすべては，BAFAのWebsiteで公開されている（http://www.bafa.de/bafa/de/energie/besondere_ausgleichsregelung_eeg/publikationen/statistische_auswertungen/index.html〔最終閲覧日：2016年9月13日〕）。2018年7月20日現在は，websiteの変更で非公開となっているようである。2017年の事業者名は次のサイト（https://www.bmwi.de/Redaktion/DE/Artikel/Energie/besondere-ausgleichsregelung.html〔最終閲覧日：2018年7月20日〕からエクセルを直接ダウンロードできる。なお，この負担軽減制度は，我が国でも見られる。電気事業者による再生可能エネルギー電気の調達に関する特別措置法（平成二十三年法律第百八号）の第17条（賦課金に係る特例）がそれである。電気使用量が100万kWh以上で売上高千円当たりの電気の使用量（原単位：製造業0.7，その他0.4）が平均の8倍または政令で定める倍数（現行は14倍）を超える事業所で，賦課金の8割まで軽減される。2015年度で456億円，1,064社である。ドイツと異なる点は，国際競争力に限定されていないこと，また国費で負担することになっている点である（http://www.mof.go.jp/zaisei/matome/zaiseia271124/kengi/02/08/saisei00.htmlおよび同ページ付属のPDF資料，参照〔最終閲覧日：2018年7月22日〕）。

7 これらの数字は，1997年の数字であるが，旧西ドイツでも同様であった。1985年で，発電企業数347のうち，私営84，公営190，公私混合73であるが，発電量に占める割合は，各々1.1%，14.1%，84.8%であった。また，配電企業数625のうち私営111，公営432，公私混合82であるが，供給量に占める割合は，各々3.6%，33.2%，63.2%であった（CEEP［1987］p.42）。

8 再公営化の定義は狭義には民営化された企業ないしは株式の買い戻しであるが，広義には新設も含まれる。以下では，広義の意味において再公営化を用いる。なお，公益事業論の立場からドイツの電気事業の再公営化問題を分析した研究に矢島［2017］がある。

9 被用者数が事業者数ほど増加していない。事業者数当たりの被用者数が減少していることから，Handelsblatt研究所は，再公営化の雇用効果について疑問を呈している。この点は後述する。

10 リーマンショックを契機とする資本主義の危機が私的経済メカニズムの失敗や私企業への信頼喪失を生み出したことを見て取っている。

11 ドイツ経済研究所の研究者の論文「市場自由化後の電力小売りにおける生産性：所有と企業のガバナンス構造の効果の分析」も，電力小売り事業における65の公企業（公共団体出資比率50%超を含む）と107の私企業について2007年から2013年の7年間の生産性を分析した結果，両者には差異が見られないこと，したがって，公企業は私企業に比較して非効率的だという，所有権理論や公共選択論が想定する「公企業と私企業の間の二分法」は過大評価されていると述べている。ただし，差異が見られない要因の1つとして，公企業の経営形態が近年，官庁事業形態から有限会社形態に移行していることをあげている（Stiel et al.［2015］p.23)。

12 記事は電力事業だけを対象としていない。事業別に主要なものをあげると，住宅184，ガス・水道・電力172，貯蓄金庫141，保険衛生46，道路建設37などであった（Theuvsen und Zschache［2011］p.8)。

13 なお，ベルリン市の電気・ガス事業に関しては，ベルリン市議会に設置されたEnquete Kommissionが報告書『ベルリンの新しいエネルギー：エネルギー経済構造の未来』（Enquete Kommission［2015］）を公表した。そこでは再公営化を基調としつつも，それに関わる問題点も指摘し，ベルリン市が50%を出資する公私混合形態の配電会社の設立を想定しているようである。

14 10の目的は，①環境目標の達成とエネルギー転換の地元実現，②地域の付加価値の改善と地域の市場パートナー包摂の強化，③（税制上の）相互補助経営での原資を利用して現地の重要な政策の実現④自治体財政収入の確保，⑤エネルギー供給の民主化と社会福祉志向の強化（Public Value），⑥地元の職場づくりと雇用の確保，⑦エネルギー供給の社会的責任の実現，⑧価格競争ではなく品質競争に基づいたエネルギー供給と環境効率の良いエネルギー供給サービスの拡大，⑨顧客ないしは市民との親密な関係に基づく優秀な問題解決能力という比較優位性の利用，⑩他の部門とのシナジー効果の実現である（Wuppertal Institut für Klima, Umwelt, Energie［2013］p.21)。また，コンサルタント会社のプッツ＆パートナーは，再公営化の目的として，①環境目標の達成とエネルギー転換の推進，②最終消費者のための競争の向上，③電力価格の低下，④自治体収入の増加⑤供給品質と安定性の改善，⑥地域経済の強化，⑦インフラ管理の改善，⑧経済利益よりも公共福利に基づく運営，⑨配電運営の効率向上，⑩自治体の影響力と実現能力の向上をあげている（Putz & Partner［2013］pp.2-4)。

15 高品質で廉価な信頼できるサービスの確保，環境・社会・構造的政策の配慮，および財政上の観点をあげている（Bundeskartellamt［2014］p.18)。

16 ゲッティンゲン（Göttingen）大学名誉教授でドイツ公営企業連盟（VKU）元専務理事のWolf Gottschalk教授は，桜井の質問に対する回答の中で，「Stadtwerkeは，原子力発電の予想できる終焉の後には，分散的発電が特に電熱併給を基盤にして必要であり，政治的にも望ましいという想定の下で投資してきた。風力，太陽光，バイオ発電がそれほど強力に増加し，法律上優先すると規定されて電線網に供給されるとは思っていなかった。このことは，必然的に経済的問題をもたらさざるを得なかった」と述べ，「Stadtwerkeが再生可能エネルギーに進出するのは比較的新しいこと」であり，「その投資が経営を圧迫している側面もある」と述べられている（2015年8月25日付メール)。

17 EBITDAはearnings before interest, taxes, depreciation, and amortizationの略で，

支払利子・租税・減価償却・無形資産の償却前利益を意味する。

18 2015年冬に公表された公共部門研究所の調査は，人口8万人以上の都市（3州都市のベルリン，ハンブルク，ブレーメンは除く）の，93のStadtwerkeの経営状態と出資者である自治体の財政状態を，それぞれ赤（緊張），黄（不十分），緑（良好）で分析しているが，それによると，37のStadtwerkeと48の自治体は赤であり，双方とも赤であるのは約4分の1の23であった（Institut für den öffentlichen Sektor［2015］p.7）。経営状態の悪化の大きな要因は，上でも述べたエネルギー転換に伴う，投資負担の増加や採算の悪化である（Institut für den öffentlichen Sektor［2015］p.10）。

参考文献

Agora Energiewende［2015］Die Entwicklung der EEG-Kosten bis 2035.

Ambrosius, G.［1984］Der Staat als Untermehmer：Öffentliche Wirtschaft und Kapitalismus seit dem 19. Jahrhundert, Vandenhoeck & Ruprecht（小坂直人・関野満夫訳『ドイツ公企業史』梓出版社，1988年）.

Ambrosius, G.［2012］, Geschichte der Stadtwerke, Dietmar Bräunig und Wolf Gottschalk（Hrsg.）, Stadtwerke. Grundlagen, Rahmenbedingungen, Führung und Betrieb, Nomos Verlagsgesellschaft, pp. 35-51.

Bauer, H.［2012］Von der Privatisierung zur Rekommunalisierung：Einführende Poblemskizze, Hartmut Bauer et al.（Hrsg.）, Rekommunalisierung öffentlicher Daseinsvorsorge, Universitätsverlag Potsdam, pp.11-31.

Berliner Energietisch［2013］Volksbegehren：über die Rekommunalisierung der Berliner Energieversorgung（https://www.wahlen-berlin.de/abstimmungen/VE2013_NEnergie/ Taegerin_und_Wortlaut.pdf〔最終閲覧日：2018年7月31日〕）.

Bundeskartellamt［2014］Der Staat als Unternehmer-（Re-）Kommunalisierung im wettbewerbsrechtlichen Kontext.

Bundesnetzagentur［BNetzA］und Bundeskaltellamt［BKartA］［2016］Monitoringbericht 2015.

Bundesministerium für Wirtschaft und Energie［BMWi］（Hrsg.）［2015］Erneubare Energien in Zahlen：Nationale und internationale Entwicklung im Jahr 2014.

Bundesministerium für Wirtschaft und Energie［BMWi］und Bundesamt für Wirtschaft und Ausfuhrkontrolle［BAFA］［2015］Hintergrundinformationen zur Besonderen Ausglechsregelung：Antragsverfahren 2014 auf Begrenzung der EEG-Umlage.

Bundesverband Erneubare Energie e.V［BEE］［2013］Hintergrundpapier zur EEG-Umlage 2014.

CEEP［1987］Die öffentliche Wirtschaft in der Euroäischen Gemeinschaft：CEEP Jahrbuch 1987-Deutschsprachige Ausgabe-, Cux Druck.

Deutscher Städtetag et al（Hrsg.）[2013] Leitfaden für die Finanzierung von Versorgungsnetzen.
Dewitt, A. [2015] Japan Learns Even More From Germany：the Feed-in Tariff, Stadtwerke and Smart Communities Windworks（http://www.wind-works.org/cms/fileadmin/user_upload/Files/Reports/Dewitt_Japan_Learns_Even_More_From_Germany.pdf〔最終閲覧日：2015年3月5日〕).
Enquete Kommission [2015] Neue Energie für Berlin – Zukunft der energiewirtschaftlichen Strukturen, Abgeordneten Haus. Drucksache 17/2500 vom 04.11.2015.
Friedländer, B. [2013] Rekommunalisierung öffentlicher Dienstleistungen：Konzept- Entwicklungstendenzen- Perspektive, Institut für Öffentliche Finanzen und Public Management, Universität Leipzig Arbeitspapier Nr.45, pp.1-80.
Gebhard, C. [2010] Liberalisierung der Enegiewirtschaft：Von der Öffnung der Strommärkte bis hin zur Re-Regulierung und Rekommunalisierung - Eine Analyse über die Veränderungen der Marktsrukturen, Verlag Dr. Müller.
Gerstlberger, W. und M. Siegl [2009] Öffentliche Dienstleistungen：unverzichtbarer Baustein der Daseinsvorsorge! Zwei Jahrzehnte Privatisierung：Bilanz und Ausblick, Wiso Diskurs, Friedrich Ebert Stiftung.
Handelsblatt Research Institut [2015] Kommunalisierung – Zwischen Wunsch und Wirklichkeit.
Halmer, S. and B. Hauenschild [2014] Remunicipalization of public services in the EU, Östereichische Gesellschaft für Politikberatung und Politikentwicklung.
Institut für den öffentlichen Sektor [2015] Stadtwerke in der Insolvenz：Der Konzern Kommune in der Krise?, Public Governance, Winter, pp.6-12.
Lehmann-Grube, U. [2016] Stadtwerke auf dem Weg in die Krise, KPMG.
Monopolkommission [2014] Hauptgutachten XX：Eine Wettbewerbsordnung für die Finanzmärkte.
Naumann, M. [2011] Kommunale Unternehmen der Zukunft-Corporate Social Responsibility, öffentliche Unternehmen und die aktuelle Debatte um Rekommunalisierungen, Berit Sandberg und Klaus Lederer（Hrsg.), Corporate Social Responsibility in kommunen Unternehmen：Wirtschaftliche Betätigung zwischen öffentlichem Auftrag ugd gesellschaftlicher Verantwortung, VS Verlag für Sozialwissenschaften, pp.67-81.
Netztransparenz [2014] Prognose der EEG-Umlage 2014 nach AusglMechV：Prognosekonzept und Berechnung der Übertragungsnetzbetreiber.
Putz & Partner [2013] Rekommunalisierung der Energienetze – Kurzstudie zur Bewertung der 10 wichtigsten Ziele und deren Erreichbarkeit.
Richter, N. und S. Thomas [2009] Perspektiven dezentraler Infrastrukturen：im

Spannungsfeld von Wettbewerb, Klimaschutz und Qualität.
Röber, M. [2012] Rekommunalisierung lokaler Ver- und Entsorgung,：Bestandsaufnahme und Entwicklungsperspektiven, Hartmut Bauer et al (Hrsg.), Rekommunalisierung öffentlicher Daseinsvorsorge, Universitätsverlag Potsdam, pp,81-98,
Sakurai, T. [2017] Historical Backgrounds about the Developmental Difference of Electric Utilities in Germany and Japan：Municipalization and Concession, R. Andeßner et al. (Eds.), Public Sector Management in a Globalized World, Springer Fachmedien, pp.227-247.
Shöneich, M. [2012] Strukturwandel der Stadtwerke, Dietmar Bräunig und Wolf Gottschalk (Hrsg.), Stadtwerke. Grundlagen, Rahmenbedingungen, Führung und Betrieb, Nomos Verlag, pp.73-92.
Stiel, C. et al. [2015] Productivity in Electricity Retail after Market Liberalisation：Analysing the Effects of Ownership and Firm's Governance Structure, DIW Discussion Paper 1531.
Theobald, C. [2011] Stellungnahme zu den Anträgen der Fraktion SPD (BT-Drs.17/3649), der Fraktion DIE LINKE (BT-Dr.17/3671), der Fraktion Bündnis 90/Die Grünen (BT-Drs 17/3182) vom 19,Januar 2011, Anschussdrucksache, Vol.17, No.9：376 vom 21. Januar 2011.
Theuvsen, L. und U. Zschache [2011] Die Privatisierung kommunaler Unternehmen im Spiegel massenmedialer Diskurse, Zeitschrift für öffentliche und gemeinwirtschaftliche Unternehmen (ZögU), 34.Jahrg., Nr.1, pp.3-24.
Udo-leuscher〔n.d.〕, ENERGIE-CHRONIK (http://www.udo-leuschner.de/energie-chronik/chframe.htm〔最終閲覧日 2018 年 7 月 31 日〕).
Verband der Kommunaler Unternehmen (VKU) [2016] Stadtwerke und Bürgerbeteiligung: Energieprojekte gemeinsam umsetzen.
Wuppertal Institut für Klima, Umwelt, Energie [2013] Stadtwerke-Neugründungen und Rekommunalisierungen：Energieversorgung in kommunaler Verantwortung.
一柳絵美［2015］「自然エネルギー財団　連載コラム　ドイツエネルギー便り　多くの市民の同意を得ているドイツの自然エネルギー賦課金額」2015年11月2日（https://www.renewable-ei.org/column_g/column_20151102.php〔最終閲覧日：2016年9月12日〕）。
宇野二朗［2016］「再公営化の動向からみる地方公営企業の展望―ドイツの事例から―」『都市とガバナンス』第25巻, 16-34頁。
大澤拓人・高橋渓・村上聡江［2012］「日独の発送電事業の背景及び運用の実態」『MURC政策研究レポート』4月26日, 1-11頁。
柏木孝夫［2014］「エネルギー改革，独の『都市公社』参考に」『日経スマートシティコンソーシアム』（http://bizgate.nikkei.co.jp/smartcity/symposium/symposium10/

001786.html〔最終閲覧日：2015年3月4日〕）。
桜井徹［2013］「公企業民営化における公と私」日本大学商学部「公と私」研究会編『公の中の私，私の中の公　現代社会の解剖』日本評論社，47－84頁。
桜井徹［2015］「日本の電力改革を考える　ドイツの事例を参考に」『経済』第232号，109－125頁。
桜井徹［2018］「ドイツにおける原子力発電所廃炉・処理の新展開：原因者負担原則の修正」『商学研究』第34号，145－157頁。
総務省［2014］「地域の元気創造プラン」（http://www.chiikinogennki. soumu.go.jp/chiiki/files/a01.pdf〔最終閲覧日：2015年4月1日〕）。
高橋洋［2012］「ドイツから学ぶ，3.11後の日本の電力政策～脱原発，再生可能エネルギー，電力自由化～」『研究レポート（富士総研）』第394号，1－3頁（http://www.fujitsu.com/downloads/JP/archive/imgjp/group/fri/report/research/2012/no394.pdf〔最終閲覧日：2016年7月14日〕）。
高橋洋［2016］「地域分散型エネルギーシステムを定義する」植田和弘監修／大島堅一・高橋洋編著『地域分散型エネルギーシステム』日本評論社，17－37頁。
竹内恒夫［2016］「電力全面自由化による地域社会への期待と提案―効果分析とドイツの事例より」『環境情報科学』第45巻第1号，25－31頁。
矢島正之［2017］「ドイツにおける電気事業の再公営化の動向と評価」『公益事業研究』第68巻第3号，11－18頁。

＊次章を含めて，多くの文献はpdfファイルとしてダウンロードしているが，原則として，URLを省略した。）

（桜井　徹）

第11章
再公営化後におけるStadtwerke経営の実際：ハンブルク市を事例に

1. ハンブルク市における発電・小売事業と配電事業の再公営化の経緯

第10章では再公営化についてとりあげたが，再公営化後におけるStadtwerkeの経営の実際はどうであろうか。ここではハンブルク市（都市州）の場合を取り上げる。その理由は，人口規模でドイツ第2の都市であるというだけではない。既に前章でも簡単に述べたように，一旦は，完全民営化された4つの都市の中で，発電・小売り部門においても，配電事業においても，再公営化が行われた都市だからである。

発電・小売部門と配電部門の再公営化は，いずれも，ハンブルク財産・出資管理会社（Hamburger Gesellschaft für Vermögens- und Beteiligungsmanagement mbH：HGV）の子会社を通じて行われた。すなわち，前者では，2009年に，ハンブルク水道有限会社（Hamburg Wasserwerke GmbH：HWW）が100%出資する子会社として，ハンブルク・エネルギー有限会社（Hamburg Energie GmbH：HE）が設立されたのである。

これに対して，後者については，ハンブルク配電有限会社（Stromnetz Hamburg GmbH：SNH, 資本金1億ユーロ）の株式のうち24.9%を2013年4月にハンブルク財産・出資管理会社が取得していたが（HGV［2012］p.18），残りの74.9%を，子会社（Hamburg Energienetz GmbH：HEG）を通じて，2014年1月にVattenfall GmbHから株式取得＝買収したものである。買収価格は4億9,500万ユーロであった。その際に交わされた売買契約書によれば，Vattenfall Europe Verkehrsanlagen（資本金10万ユーロ）を買収するとともに，配電事業に係わるサービス会社Vattenfall Europe Netzservice GmbH（資本金1,100万ユーロ）およびメーター会社のVattenfall Europe Metering GmbH（資本金22万ユーロ）の各々のハンブルクに係わる会社（Netzservice Hamburg資本金2万5千ユーロおよびMetering Hamburg資本金2万5千ユーロ）を2016年1月1日付けで買収することとされた。買収価格は，各々11.3百万ユーロ，101.4百万ユーロ，17.7百万ユーロであった（Stadt Hamburg,［2015］）。

図表11-1は，ハンブルク財産・出資管理会社の子会社の一覧を示したものである。ここからも，ハンブルク市は，同社を通じて，電力・ガス，水道，地域暖房などのエネルギー事業だけではなく，地下鉄，バスや空港および不動産，都市開発など，いわゆる都市事業の総合コンツェルンを形成していることがわかる。なお，配電サービス会社とメーター会社が表記されていないのは，実際の統合が2016年1月からだったためである。

以下では，配電有限会社に焦点をあて，再公営化の実際を検討したい。

2. 配電事業再公営化における売買契約と特許契約

市民請願の投票結果を受けて，2014年1月15日に売買契約が締結される。

ハンブルク配電有限会社（SNH）とハンブルク市の間で，2014年11月12日，特許契約（Wegenutzungsvertrag：公道利用契約）および協力協定（Kooperations-vereinbarung）が締結された。

この2つの契約についてのハンブルク市議会における市当局の説明（Bürger-schaft der Freien und Hansestadt Hamburg［2014］p.1）では，1994年締結の特許契約が20年後の2014年末に終了することを2年前から連邦広報とEU広報で布告してきた結果，2014年1月15日までにSNHを含む6社の応募があったが，市民請願投票の結果に基づいて完全市有化されたSNHが唯一の応募者になったので，同社と交渉の結果で上記の契約と協定が締結されたことが述べられている。

特許契約では特許対象，特許期間（最長20年）および特許納付金（最初の4年間は年間8,900万ユーロから9,650万ユーロ）およびSNHの経営義務が規定

図表 11-1　ハンブルク市の Stadtwerke 企業集団

FHH（ハンブルク都市州）

HGV（Hamburger Gesellschaft für Vermögens- und Beteiligungsmanagement mbH，ハンブルク財産・出資管理有限会社）

公共近距離客輸送

Hamburger Hochbahn AG（ハンブルク高架鉄道）ほか2社

交通・物流

FHK（Flughafen Hamburg Konsortial und Service GmbH & Co.oHG（ハンブルク空港コンソーシア・サービス有限合資会社）ほか4社

その他の出資

見本市，銀行など5社

供給・廃棄処理

Hamburg Energienetze GmbH（ハンブルク・エネルギー網有限会社）

Hamburger Wasserwerke GmbH（ハンブルク水道供給有限会社）

Bäderland Hamburger GmbH（ハンブルク・プール有限会社）

Gesellschaft zur Beseitigung von Sonderabfällen mbH（特別廃棄物除去有限会社）

Hamburg Netz GmbH（ハンブルク・ネット網有限会社）

Vattenfall Wärme Hamburg GmbH（バッテンフォール・ハンブルク暖房有限会社）

Hamburg Verkehrsanlagen GmbH（交通施設有限会社）

5.1%

94.9%

Stromnetz Hamburg GmbH（ハンブルク配電有限会社）

100%

Hamburg Energie GmbH（ハンブルク・エネルギー有限会社）

100%

Hamburg Energie Solar GmbH（ハンブルク・エネルギー・ソーラー有限会社）

100%

Hamburg Energie Wind GmbH（ハンブルク・エネルギー風力有限会社）

不動産・都市開発

SAGA Siedlungs-AG Hamburg（ハンブルク団地開発株式会社），ほか12社

出所：HGV［2015］, Hamburg Wasser und Hamburg Energie［2015］および Stromnetz Hamburg［2016a］などより筆者作成。

されている。経営義務は，①安定的配電網整備（最初の10年間で20億ユーロの投資），②低廉な配電網，③効率的な配電網，④環境保全的配電網の4つから成り立っている。①では，最初の10年間で20億ユーロの投資による整備，再生エネルギー電力を優先的に常に受け入れ可能とすること，③停電時間をドイツの大都市の平均値になるように努力することが述べられている（Freien und Hansestadt Hamburg und Stromnetz Hamburg［2014a］pp.19-21）。協力協定は，この経営義務がより詳細に規定されている。

②に関して料金およびサービス水準の実際はどうか。果たして，再公営化で期待したことが実現できているのか。再公営化してまだ2年間しか経過していないので，考察には限界があることをお断りしておきたい。この点を，上記の契約で同じく提出が義務化されているインフラ報告書に基づいて簡単に見ておこう。

3. 配電事業再公営化後の投資と経営成績

まず，投資の拡大と低廉な配電網について見てみよう。

2015年の投資額は1億4,720万ユーロであり，うち1.15億ユーロは配電網への投資額であった。固定資産額の増加は，その反映である（**図表11-2**）。また，従業員数（フルタイム換算）も，165.7人から260.5人へと増加している。こうした投資増と従業員増が影響したのか，営業費が増加し，経常損益は大きく減

図表11-2　ハンブルク配電有限会社（SNH）の貸借対照表

（単位：百万ユーロ）

	2014年	2015年
固定資産	729.6	821.7
流動資産	90.8	89.3
合　計	820.4	911.0
自己資本	297.4	651.4
諸引当金	118.3	130.6
債務・建設費助成など	404.7	129.0

出所：Stromnetz Hamburg［2016b］p.2から作成。

図表 11-3　ハンブルク配電有限会社（SNH）の経営成績

（単位：百万ユーロ，人）

	2014年	2015年
売上高・その他の収益	581.0	581.0
営業費	-526.6	-560.5
利子	-13.8	-13.9
経常損益	40.6	6.6
租税	-6.1	-0.6
利益移転	-34.5	-6.0
年間損益	—	—
従業員数	165.7	260.5

注　：従業員数はフルタイム換算。
出所：Stromnetz Hamburg［2016b］p.3 から作成。

少している（**図表 11-3**）。

SNH は 2014 年に事業を開始したので，2 年間しか営業報告書はない。販売電力量は，2014 年 1 万 2,268GWh，2015 年 1 万 2,267GWh，電力収入は 3 億 4,610 万ユーロ，3 億 3,400 万ユーロ，メーター機器等収入は 2,780 万ユーロ，2,800 万ユーロでほとんど変動がないが，人件費等の増加で，年間余剰が 4,060 万ユーロから 660 万ユーロへと減少している。但し，Vattenfall Netzservice Hamburg と Vattenfall Metering Hamburg を SNH への統合が実現して再公営化が完成する（HVG［2015］p.10）ことも考慮する必要がある。

4. 配電事業再公営化後における料金とサービス

2016 年 1 月 1 日現在のハンブルク市の 1kWh 当たりの家庭用電気料金（年間使用量 3,500kWh）は 28.2 セントであり，ドイツ平均の 28.68 セントに比較すると約 1.7% 低い（**図表 11-4**）。注目すべきは，その構成比である。ハンブルクでは配電費は 6.3%，送電費は 12.4% であり，ドイツ平均の送配電費割合 24.6% と比較すると，5.7% 低くなっている。そのことは，低圧標準負荷プロファイルにおける作業料金の相異にも現れている。ドイツ平均に比べて，ハンブルクは，2014 年に 6%，2015 年に 15% 低くなっている（Stromnetz Hamburg［2016b］p.7）。

図表 11-4　家庭顧客電気料金構成要素：ドイツ平均とハンブルク市

	連邦平均	ハンブルク
発電・小売・その他の費用，マージン	21.3%	24.0%
配電費	24.6%	6.3%
送電費		12.4%
付加価値税	16.0%	16.0%
特許納付金	5.8%	8.5%
EEG賦課金	22.1%	22.5%
その他の賦課金	3.0%	3.1%
電気税	7.1%	7.3%
合計	100.0%	100.0%
kWhあたりの料金(セント)	28.68	28.20

注　：年間使用電力量 3,500kWh の平均料金。
出所：Stromnetz Hamburg［2016b］p.6 から筆者作成。

この作業料金には，送電会社が徴収する送電費も含まれているので明確ではないが，報告書によれば，SNH に送電する送電会社の 50Herz 社が 2016 年 1 月 1 日に送電費を 30% 値上げしていることも考慮すれば，配電費の低廉化が一定なされているといえよう。

とはいえ，構成比割合の比較で，送配電以外に，相異する点は 2 つある。1 つは，発電・小売などの費用やマージンの割合と，特許納付金の割合が，いずれもハンブルクの方がドイツ平均に比較して高いということである。前者は，SNH の問題ではなく，ハンブルクにおける発電・小売会社の問題である。ハンブルク市も発電・小売会社を有している。これに関しては，後述する。

特許納付金は，特許契約書によって，特許規則で規定されている上限割合（人口 50 人以上の自治体では 1kWh 当たり 2.39 セント，Hammerstein und Hoff［2013］p.10）を適用するとされており，2014 年から 4 年間は，年 8,900 万ユーロから 9,650 万ユーロの間である。特許納付金割合を低下させれば，配電費も低減しうるが，財政収入の確保が優先されているといえる。

配電サービスを図る指標として停電時間の短縮がある。報告書では，年平均系統停電時間はドイツ平均に比べて小さくなっていること，また 2015 年に著し

図表 11-5　系統年平均停電時間（SAIDI）の推移

（単位：分）

	ハンブルク			ドイツ		
	SAIDI中圧	SAIDI低圧	SAIDI計	SAIDI中圧	SAIDI低圧	SAIDI計
2010年	8.3	4.3	12.6	12.1	2.8	14.9
2011年	9.3	4.8	14.1	12.7	2.6	15.3
2012年	8.8	5.0	13.8	13.4	2.6	15.9
2013年	7.0	5.3	12.3	12.9	2.5	15.3
2014年	6.3	5.4	11.7	10.1	2.2	12.3
2015年	4.4	4.3	8.7			

出所：Stromnetz Hamburg［2016b］p.20 から筆者作成。

く小さくなっていることを報告している（**図表11-5**）。需要家平均停電時間（CAIDI）も同様である[1]。停電の場合，3時間以内に修復できない場合は最大3万ユーロを支払うことが規定されている。

5. 配電事業再公営化後における分散型エネルギーの拡大

再生可能エネルギーとコージェネレーション発電（熱電併給）という分散型発電設備の拡大に配電会社が貢献することも，協力協定に規定されていた。既に述べた送電網の整備もその1つであるが，さらに同協定の3-5-3では，「配電会社は，分散型発電設備の配電網への統合は法律上の最低要件を超えて配電会社によって，次のように補強する」と述べ，その方策として2点が指示されている。まず，3-5-3-1で，「再生可能エネルギー法に基づく設備およびコージェネレーション発電設備および電気自動車のスタンドの運営者に対して，設備の配電網への接続に必要なデータと情報を申請から3週間以内に利用できるように配慮する義務を負う」こと，そして，3-5-3-2で「全ての関連情報が提示されてから6週間以内に，それらの設備を配電網に接続する義務を配電会社は負う」とされたのである（Freien und Hansestadt Hamburg und Stromnetz Hamburg［2014b］p.15）。

インフラ報告書では，再生可能エネルギーとコージェネレーション発電設備の統合のための情報提供と，申し込みから1週間以内での再生可能エネルギー設備へのメーター取付を実施している（1週間以内に設置できなかった場合，100ユーロを支払うこととしているが，2011年にこの制度の導入以降，支払いは生じていないという（Stromnetz Hamburg［2016b］p.39））。また，北ドイツにおける風力発電能力の増強に対応した配電網の整備も行っている。

それでは，再公営化後，分散型発電による電力はハンブルクではどの程度上昇したのであろうか。

2013年末から2015年末の3ヶ年の推移を見ると，再生可能エネルギーの発電基数は2,777から3,085に，発電能力は134.7MWから143.3MW，送電量は233GWhから324GWhと増加している。ハンブルク全体の消費電力量（12,416GWh，12,224GWh）に占める割合は，ドイツ平均に比べて著しく低いものの，1.9%から2.9%に上昇している。再生可能エネルギーとコージェネレーション発電の送電量合計で見ると，その割合は，23.1%から24.6%に増えている。もちろん，これは，全体の消費電力量の減少によるところもある。とはいえ，再公営化以後に，分散型発電の比重が高まったことは否めないところである（Stromnetz Hamburg［2016b］pp.41－43）。

以上の点からすると，これまでの所では，配電事業の再公営化は一定の成果が出ているということができる[2]。

6. 発電・小売事業再公営化後における経営の実際

最後に，2009年に設立された発電と小売に従事するStadtwerkeであるハンブルク・エネルギー有限会社（HE）について見てみよう。

HEは，脱炭素・脱原発の再生可能エネルギー100%の電力を販売することを企業目的に掲げ，中期的に風力・太陽光，電熱併給の自前の電源設備による発電割合を50%にすることを目標としている。まさに「エネルギー転換」を促進するために設立されたのである（Hamburg Wasser und Hamburg Energie［2015］

p.88)。

顧客は，2009年にわずかに5,000であったが，2011年6万1,500，2013年，9万1,300と漸次増加の傾向をたどり，2015年に10万7,325となっている。電力の顧客だけでは，2014年には8万8,000から2015年に9万200の微増にとどまっている。特に家庭用顧客が伸び悩んでいることは，販売電力量からもわかる。2013年の815GWhから，2014年1,007GWh，2015年1,112GWhへ増加しているが，家庭向け（Privatkunden）は，各々236GWh，246GWh，216GWhに推移している。営業報告書も2015年は顧客獲得目標は達成されなかったことと，その主な要因は，自然の転出入（natürlicher Umzug）の中で顧客を喪失したことにあると述べている（Hamburg Wasser und Hamburg Energie［2015］p.91）。

売上高も，ガスを含めた全体では2012年1億3,530万ユーロ（電力8,350万ユーロ，ガス3,870万ユーロ，自家発電1,310万ユーロ）から，2013年2億300万ユーロ（電力1億7,045万ユーロ，ガス1,825万ユーロ，自家発電1,430万ユーロ），2014年2億4,258万ユーロ（電力2億615万ユーロ，ガス1,907万ユーロ，自家発電1,736万ユーロ），2015年に2億7,316万ユーロ（電力2億882万ユーロ，ガス4,734万ユーロ，自家発電831万ユーロ，その他エネルギー・サービス869万ユーロ）と増加するが，内訳からわかるように，売上高の大部分は電力販売であり，電力量や顧客数の伸び悩みを反映して，電力販売収入も伸び悩んでいる。したがって，年間余剰は，2012年76万ユーロ，2013年に40万ユーロ，2014年133万ユーロ，2015年84万ユーロとやや振幅がある。

競争状態から出発し，100%の脱炭素・脱原発電源を目的とする中での販売量の一定の増加から判断すると善戦しているといえるかもしれない。また，従業員数は，2012年に27人であったが，2015年には57人となっている[3]。

注

1 需要家平均停電時間（CAIDI）は，2010年，2013年，2015年で見ると，中圧は53.9，55.0，38.0，低圧は87.2，101.4，94.7，また停電回数も，中圧180，179，147，低圧は1,706，1,732，1,569と再公営化してからの改善が見られるようになっている（Stromnetz Hamburg［2016b］p.20）。

2 2016年の経営状況をSNHの営業報告書（Stromnetz Hamburg［2017］）に基づい

て補足する。2016年の全投資額は，対前年で2930万ユーロ減の1億1,790万ユーロであるのに対して，配電網への投資額は，300万ユーロ増の1億1,800万ユーロであった。資産額は，2016年にVattenfall Netzservice HamburgとVattenfall Mtering Hamburg両社の資産2,200万ユーロを統合したこともあって，4,110万ユーロ増の9億5210万ユーロとなった。販売電力量は1億2,221GWhと微減したが，送電費増に基づく販売単価が増加した影響で，電力販売収入は3,860万ユーロ増の3億7,260万ユーロとなった。売上高全体は，電力収入の増加と上記2社の統合の結果，対前年1億810万ユーロ増の6億8,910万ユーロと増加するが，費用も1億1,110万ユーロ増加し，6億7,115万ユーロとなり，税引後損益は470万ユーロ増の1,140万ユーロにとどまっている。但し，EU会計指令・国内移転法（注3，参照）の影響のために，2015年と2016年は正確に比較できない。

2017年の営業報告書は2018年7月31日現在で未公表であるが，特筆すべきは，2018年1月1日にハンブルク市のガス網も再公営化され，SNHと共同運営されることになったことである（Stromnetz Hamburg［2018］）。

3 以上の数字は，全て，Hamburg Wasser und Hamburg Energie［2014］とHamburg Wasser und Hamburg Energie［2016］に基づいている。

2016年から2017年の展開を補足しておきたい（数字はHamburg Wasser und Hamburg Energie［2016］，Hamburg Wasser und Hamburg Energie［2017］に基づく）。HEの顧客（内電力）は2016年12万5,000（10万5,000），2017年13万2,000（11万）であり，2017年は2015年に比較して全体で約2万4,000人，電力は約1万9,800と増加を示している。販売電力量はハンブルク市への供給停止やハンブルク市郊外における鉄道会社への供給終了などにより，2015年の1,112GWhから2016年830GWh，2017年765GWhへ減少するが，家庭顧客への販売電力量は2015年の216GWhから2016年256GWh，2017年には269GWhに上昇している。また，売上高は2016年2億2,178万ユーロ（電力1億6,200万ユーロ，ガス4,515万ユーロ，自家発電771万ユーロなど）から2017年2億2,498万ユーロ（電力1億6,234万ユーロ，ガス4,528万ユーロ，自家発電1,074万ユーロなど）であり，年間余剰は，2016年100万ユーロ，2017年130万ユーロと2014年水準に達している。2015年に比較した2016年と2017年の売上高の減少は，EU指令に基づく2015年の法律（Bilanzrichtlinie Umsetzungsgesetz=BiLRUG: EU会計指令・国内移転法）の結果である（Hamburg Wasser und Hamburg Energie［2016］p.102）。

参考文献

Bürgerschaft der Freien und Hansestadt Hamburg［2014］ Mitteilung des Senats an die Bürgerschaft , Drucksache 20/13586 vom 11, 11, 2014.

Freien und Hansestadt Hamburg und Stromnetz Hamburg［2014a］Vertrag über die Benutzung für Anlagen zur Stromverteilung（Wegenutzungsvertrag）aud dem Gebiet der Freien und Hansestadt Hamburg.

Freien und Hansestadt Hamburg und Stromnetz Hamburg [2014b] Kooperationsvereinbarung zum zukunftsorientierten Stromnetzbetrieb auf dem Gebiet der Freien und Hansestadt Hamburg.

Hamburg Wasser und Hamburg Energie [2014] Geschäftsbericht 2013.

Hamburg Wasser und Hamburg Energie [2015] Geschäftsbericht 2014.

Hamburg Wasser und Hamburg Energie [2016] Geschäftsbericht 2015.

Hamburg Wasser und Hamburg Energie [2017] Geschäftsbericht 2016.

Hamburg Wasser und Hamburg Energie [2018] Geschäftsbericht 2017.

HGV Hamburger Gesellschaft für Vermögens - und Beteiligungsmanagement mbH [2015] Geschäftsbericht 2015.

Hammerstein, C.von und S.von Hoff [2013]) Reform des Konzessionsabgabenrechts, Agora Energiewende.

Stadt Hamburg [2015] Endgültiger Kaufpreis für das Hamburger Stromnetz vereinbart (https:// www.hamburg.de/pressemeldungen/4489580/2015-04-30-fb-pm-endgueltiger-kaufpreis-hamburger-stromnetz/〔最終閲覧日：2018年7月20日〕).

Stromnetz Hamburg [2016a] Unternehmenspräsentation (https://www.stromnetz.hamburg/presse/mediathek/?cp = 1&element = journalisten〔最終閲覧日：2016年12月6日〕).

Stromnetz Hamburg [2016b] Infrastrukturbericht 2016.

Stromnetz Hamburg [2017] Geschäftsbericht 2016.

Stromnetz Hamburg [2018] Gemeinsam unter einem Dach (https://www.stromnetz.hamburg/ge- meinsam- unter-einem-dach/〔最終閲覧日：2018年7月31日〕).

（桜井　徹）

第12章 日本における電力産業と会計の課題

1. 電気料金と総括原価

電力産業は，産業経済や国民生活にとって欠かせない重要な産業であり，電気の安定供給や低料金の実現が要求される。電気料金は，既に第2章で述べたように電気料金の決定は，レートベース方式による総括原価の問題点が指摘される。それは，1つには総括原価を構成する届け出時の営業費と実績の営業費との乖離であり，実績の営業費が届け時の営業費を下回ることになれば，その差額は東京電力の内部留保として蓄積されることになる（本書第2章参照）。経済産業省が東京電力の実績の営業費を把握していれば，営業費の大幅な乖離を防ぐことができ，より一層の料金値下げも実現できたであろう。そのように考えると，料金値下げ届出制についても今後見直しを検討する必要がある（第2章参照）。また総括原価に含められる健康保険料の東京電力の会社負担割合は73％に対して平均事業主負担割合は55％であった。またカフェテリアプランの補助費についても一般的な平均補助額が年間1人当り66,227円であるのに対して，東京電力のそれは98,000円を補助していたことがあげられる。人件費に関しては，これまでの労資関係のもとで決められてきたと考えられる。総括原価の中には会社の都合で総括原価として算入すべきでない項目も含まれていた。これらのことが東電の原子力発電事故後にあきらかになったが，規制当局や利用者は電力会社によって算定される営業費を十分に把握することができなかった（料金の認可権や公聴会の開催はあった）。電気事業におけるレートベース方式による総括原価はブラックボックス化していたといえよう（本書第2章参照）。

また電力自由化と廃炉費用の負担の関係について見ると，廃炉費用は，新規参入者を含む小売会社が消費者（国民や企業）から徴収する可能性がある。総括原価方式は2018-20年に廃止される。この廃止した後に費用負担の仕組をどうするか。新案は小売会社などが送配電会社に支払う送電線使用料（託送料金）の中に廃炉費用を上乗せして負担するとすれば，他の電力会社や新規参入会社に負担させることになる。またドイツの例で見ると，すべての原子力発電を2022年までに段階的に停止することを選択したが，フィリップスブルク原子力発電所の場合，廃炉費用は原則として原発運営会社が100％負担する。原発運営会社はこの費用を原発稼働中に引当金に計上している。ドイツの廃炉費用の負担は，原発運営会社に厳しいのに対して日本の場合，廃炉費用の負担を託送料金に含めたりする等，原発運営会社に甘くなっている。

2. 原子力発電の廃炉と使用済み核燃料再処理引当金の会計方法と税制

原子力発電の廃炉の会計処理は，最初，廃炉引当金勘定を用いたが，原子力発電施設解体引当金そして資産除去債務へと科目を変遷している。廃炉費用は，原子力発電を使用した後にそれを停止し，その設備を解体・撤去する費用である。この解体・撤去する費用は予め予測して廃炉引当金や原子力発電施設解体引当金を計上していたが，2010年から資産・負債両建て方式により資産除去債務（負債）勘定を用いて計上している。従来の引当金方式から資産除去債務の会計処理方式に変更したのは世界的な趨勢による。引当金方式は将来発生する可能性の高い支出を当期にその原因が発生した場合に費用計上し，それに対応する同額の引当金を計上する方法である。これに対して資産・負債の両建て方式は，最初に将来発生する可能性の高い除去するための支出の現在割引価値を資産除去債務（負債）として計上すると同時に同額を資産として計上する方式である。この資産・負債両建て方式では，有形固定資産の取得原価に除去費用を含めることにより，当該資産への投資について回収すべき額を引き上げることも意図されている（山崎［2016］243頁）。資産除去債務会計基準を適用している旨を四半期連結財務諸表のための基礎となる重要な事項等の変更に記載している会社は，214社のうち212社（99.1％）であった（山崎［2016］244頁）。「176社のうち，数値を開示している131社の資産除去債務の総額は，1兆70,183億円，特別損失の金額は，2,694億円である。具体的には電力業界の原子力発電施設解体引当金からの振替額が大きくなっている。特別損失が38％，資産除去債務が全体の82％の割合となっている」（山崎［2016］246頁）。このように2011年の資産除去債務の計上額の多い業界は電力業界が8割を占めている。また引当金方式から資産・負債両建て方式への変更は会計理論において様々な見解が見られるが，醍醐聰氏は，「資産・負債両建て方式は費用認識の鏡像（反射）として負債を捉えるのではなく，回避することがほとんど不可能な将来の経済的犠牲を直接に負債として認識する会計思考を基礎にしていると考えられる」（醍醐［2008］228頁）といわれる。原子力発電の場合を考えると，将来の廃炉を現時点で確定的な負債として認識できるか否か疑問である。原子力発電の廃炉は将来において確実に到来するのであるが，その金額の見積りが果たして客観的に見積れるだろうか。原発事故による廃炉の場合，廃炉期間も数10年もかかるし，その間の処理コストは巨額になる。

また税制から見た場合に，「使用済燃料再処理準備金は，再処理費用を日本原燃に支払うための準備金に対する租税特別措置である」（本書第4章67頁）。そして「原子力発電所の大部分が停止しており，政策目標とかけはなれた現実になっているにもかかわらず，租税特別措置により，原子力発電のための多額の積み立てが行われているのである」（本書第4章75頁）。つまり原子力発電所が稼働していなくても，この準備金の積み立てが可能となったのである。

次に廃炉費用は誰が負担すべきかを見ると，廃炉費用は最終的に電気料金を通じて電気の消費者が負担している。東京電力は，2017年に30年稼働した原子力発電が17基のうち11基に達している（福島第一原発の廃炉決定炉も含む。建設中断の東通原発を除く）。30年に達していない原子力発電は6基のみである。東京電力はあと10年もすれば65％の原子力発電が40年間の稼働を経過することになる。

廃炉を円滑に進めるために「国は，電力システム改革によって競争が進展した環境下においても，原子力事業者がこうした課題に対応できるよう，海外の事例も参考にしつつ」（資源エネルギー庁原子力小委員会［2014］3頁）検討をするとしている。原子力損害賠償支援機構では，原子力発電事業の事故対応の場合，廃炉や汚染水対応として「国は機構に対して9兆円の交付国債を用意する」（資源エネルギー庁原子力小委員会［2014］3頁）という。また原子力事業者による負担は，無限責任としている（資源エネルギー庁原子力小委員会［2014］5頁）。さらに事業者に財務・会計面に発生する過度なリスクに対応して，「英国におけるCFD（差額決済契約）」の例を掲げている。「マーケット価格を元に算定される市場価格と，廃炉費用や使用済核燃料の処分費用も含めた原子力のコスト回収のための基準価格の差額について，全需要家から回収し，原発業者に対して補填することにより，一般的に事業者の損益の平準化を目指す制度（逆に，市場価格が基準価格を上回った場合は，原発事業者が支払いを行なう）」（資源エネルギー庁原子力小委員会［2014］22頁）。このCFD方式は，原発業者に有利な制度で原子力のコスト回収にとって都合のよいものとなり，全需要家（消費者）に負担させることになる。また青森県の日本原燃の再処理工場は予定通り稼働していない。高レベル放射性廃棄物の処理場も決まっていないこれらの諸点が，今後とも大きな課題である。

3. 電源部門と配電部門の分割

10電力による地域独占体制から電力会社間でも競争できる電力自由化のもとで発送電分離が行われている。これは電力会社の独占が存続し，その後に発送電分離をしても電力の地域独占は続くと思われる。順番としては，発送電分離を先行させないと，電力市場における新規参入は難しいのではないかと思われる。

発電会社同士の自由競争と送電会社の送電サービスを第三者に開放する。このため送電ネットワークのメンテナンスや設備更新などが必要になる。送電の安定性を維持するため収益を保証する必要があるといわれ，託送料全算定では総括原価方式が必要となるといわれる。

日本では10電力体制から「電力自由化」⇒発送電分離が行われている。この場合，託送料金をいくらにするかによって新規参入事業者の損益にも影響することになる。これまで託送料金に含まれる費用には，送配電部門に係る費用や原子力バックエンド費用（既発電分）などを託送料金を通じて回収している。

「経過措置として，積立制度創設前（2005年10月の創設前—筆者）は，これにより利益を受けた全ての需要家から公平に回収するため，送配電関連費用として計上し，15年間に一般電気事業者の需要家のみならず，託送料金制度を通じて新電力の需要家からも回収することにした（資源エネルギー庁原子力小委員会［2014］28頁）。

この託送料金は，規制部門において総括原価の中に含めて電気消費者から回収していた。発送電分離から第三者への送電サービスにおいても総括原価方式採用する場合に，この中に託送料金（収入）を含める。「ドイツでは，発送電分離の下で自由化されているので，原発を有する電力会社の発電料金が高くなることは，競争上不利となるため，料金転嫁に制限がかかっている」（桜井［2016］49頁）。

日本の電力会社は，再稼働を始めている。しかし2017年12月13日に四国電力伊方原発3号機（愛媛県伊方町，定期点検中）の運転差し止めを広島，愛媛両県の住民が求めた仮処分申請（即時抗告審）で，広島高裁は2018年9月末までの運転差し止めを命じる決定をした。この判決の理由として「阿蘇の過去の噴火で火砕流が到達した可能性は十分小さいと評価できず，原発の立地は認められない」と判断したためである。四国電力は異議を申し立てる方針である。このように火山の影響（阿蘇の噴火）による火砕流の可能性による立地が認められないので運転差し止めとした判決である。

日本のエネルギー基本計画における原発比率22%は，新規増設，つまりリプレースを前提としている。会計的枠組みとしてどのように処理されるのか。

原発比率22%は，再稼働，新規増設を前提にしている。原発再稼働は川内原発等である。「運転終了後も，資産計上のうえ，減価償却を継続する適切な設備もある」（資源エネルギー庁廃炉に係る会計制度検証ワーキンググループ［2013］17頁）としている。原発の運転終了後も，「廃止措置期間中の安全機能を維持することも念頭に追加や更新のための設備投資」（資源エネルギー庁廃炉に係る会計制度検証ワーキンググループ［2013］10頁）の場合に，減価償却費を計上し，料金原価に含め電気料金に算入することによって投下資本を回収できるよう会計制度を整備している。このように廃炉の会計処理をすることによって，「電力会社の財務基盤が毀損される」（資源エネルギー庁廃炉に係る会計制度検証ワーキンググループ［2013］10頁）ことなく廃炉を推進できるように会計制度を設けている。

電源ベストミックスは，1980年代の原発推進のためにベースとして原子力発電を位置づけ，原子力発電が経済性の面で優れているといわれた。今日では原子力発電の経済性においても必ずしも優れていない点が指摘されている。原発比率22％に代えて再生可能エネルギーの比率を多くしていく方が住民にとって安全性の点で支持されると思われる。ただ現在のところ経済的コストの点では高い。

4. 日本における電力産業の課題：人災としての原発大事故

重厚長大型産業の典型としての電力産業は，火力発電を中心に高度成長期を支えたが，1973年の第1次石油ショックを契機に沖縄電力を除いて危険な原子力発電を政府と一体となって拡大してきた。しかも，電力産業は，原発だけでなく核燃料リサイクルも含めて，度重なる事故やトラブル，様々な隠蔽などを繰り返してきた。電力会社などの隠蔽体質は，関西電力による1976年7月の美浜1号機での燃料棒の折損事故隠しや2002年8月に発覚した東京電力による自主点検の虚偽報告など枚挙に暇がない（西尾［2014］22-41頁）。そして，原発の危険性や問題点について警鐘が鳴らされていたにもかかわらず，政府と東京電力は，それに耳を傾けることなく，スリーマイル島原発事故およびチェルノブイリ原発事故に次いで世界史に残る大事故であるメルトダウンを伴った福島第一原子力発電所の広範な放射能汚染をもたらした過酷事故（以下，フクシマ原発大事故）を遂に引き起こした。その意味では，東日本大震災は単なる切っ掛けであり，この原発大事故は起こるべくして起こった人災という側面を強く有している。

フクシマ原発大事故により，統計における重大な原子力事故発生の「想定基準」は，600 年に 1 回から 30 年に 1 回[1]に瞬く間に短縮してしまった（佐藤・田口［2016］11 頁）。次の大事故が起これば，その「想定基準」はさらに短縮することになり，原発の大事故がもはや頻繁に起こり得ることになる。しかし，ここで注意しなければならない重要な点は，原発のリスク評価が「確率論的な仕方によっても不可能」であり，巨大な原発システムが「その内部に常に，予測不可能なシステムの破れ目を内包している」（佐藤・田口［2016］176 頁）という指摘である。まさに 2011 年 3 月 11 日以降のフクシマ原発大事故は，この「破れ目」を我々の眼前に如実に示したことを忘れてはならない。

既にドイツ，イタリア，スイス，韓国，台湾などの諸国は，このような原子力発電からの撤退などに向かい，また原発を多くもつフランスでさえ，縮小に向かっている。そして，これらの国々は再生可能エネルギーの普及を拡大している。これに対して，日本ではどうであろうか。原発停止によって，原発の発電量がゼロになっても電力は足りていた。それにもかかわらず，「電力の安定供給」や「発電コスト」などを理由に原発の再稼働を電力会社と政府（経産省など）は未だに推し進めている。そのため，再生可能エネルギーの普及は他国の後塵を拝してしまっているのが現状である。

以下，日本の電力産業の課題をさらに一瞥しておこう。

5. 原発技術の制御不可能性

原発による放射能漏れの大事故は，我々の済む地域に広範な影響を与え，我々生命の遺伝子を傷つけ次世代に渡って影響を与える。すなわち，それは空間的にも時間的にも広く長く被害を与える特殊な事故である。このような放射能漏れ大事故によって，帰宅困難地域が生まれ，人々の営みは断絶され，地域や社会を崩壊させるとともに，見えない放射能汚染とその恐怖は人々に肉体的，精神的ストレスを掛けた。一旦，大事故が起きれば，脆くも原発は制御不能になり，なすすべもない状態に陥った。しかもこの発電システムは，大事故に加えて，「10万年」という行き場のない極めて危険な放射能廃棄物をその電力も消費していない子孫や地球に残し，さらに被爆による死亡事故や被爆労働者を生み出す。また原発は，放射性廃棄物処理でCO_2などの温暖化物質を放出し，運転時の温排水で海水温上昇の要因となっているため，気候変動を促進しているという（山田［2018］239-240頁）。この黒い発電システムあるいはブラック・エネルギーといえる原発は，さらに「原子力ムラ」といわれるように不正，隠蔽，政界・財界・学界などの利権や癒着，立地地域の分断や無責任体制を生み出し，日本列島にそれらをばらまいてきた。

①事故による制御不可能性，②放射能廃棄物の超長期の管理困難性，③被爆労働の不可避性，④事故炉の廃炉技術の不存在，⑤多発する事故による設備利用率の低さなどは，まさに原発が，危うい未熟な技術であり，人類が未だ容易に制御できない技術であることを物語っている。このような技術を大事故の損害を負担できない産業や企業などが，所有し利用することはもはや許されるべきではなく，転換されなければならない。もちろん政府が損害を負担できれば，原発を利用してもよいという理屈もフクシマ原発大事故を考えれば，なりたたない。前述したように原発は「その内部に常に，予測不可能なシステムの破れ目を内包している」システムであり，大事故の後始末も容易にできないものであることは，フクシマの原発大事故によって証明されたのである。

6. 電力産業から電力消費者・国民への負担転嫁

フクシマ原発大事故以前には，電力会社の地域独占と総括原価制度による価格決定を通じて一部のバックエンドコストも含めた電力産業の原発コストを電力消費者が負担するとともに，原発立地地域への対策のための財源を国民が負担してきた。すなわち，電源三法（発電用施設周辺地域整備法，電源開発促進税法，電源開発促進対策特別会計法）を通じて消費者がこれらコストを電気料金によって最終負担するだけでなく，国民の税金が，電力会社への租税特別措置法による税の減免に，さらに電源立地地域温排水対策費補助金や重要電源等立地推進対策補助金などに使用されてきた（金森［2016］80-81頁，本書第4章）。

フクシマ原発大事故後には，東京電力HDの損害賠償，原発を有する電力会社の廃炉費用や放射能廃棄物の処分費用などが最終的に電力料金を通じて電力消費者に転嫁されようとしている[2]。

周知のように，フクシマ原発大事故後，東京電力を存続させるか，破綻させるかが検討された。破綻させれば，株式，債権および社債などは毀損することになるが，結局，東京電力を存続させることが選択された。しかし，第7章で分析したように，このことで東京電力と東電グループは，利益を内部留保するとともに金融機関への債務を着実に返済しており，電力料金の値上げを通じて，最終的に電力消費者がその負担を強いられていることになる。まさに「金融機関と電力会社側が望むところ」（吉田［2011］21頁）といわれた方針が，政府（経済産業省など）により採用されて今日に至っていることになる。

東電とその株主や債権者すなわち主要な利害関係者，政府，他の電力会社の負担の検討と必要な措置を明記している原子力損害賠償支援機構法（現・原子力損害賠償・廃炉等支援機構法）における「附則六条二項を無視して，利害関係者の負担を検討することなく，『原子力事業者の負担』を『需要家の負担』にすり替えることは許されない」（熊本［2017］53頁）のであり，このような指摘は適切であるといわねばならない。なお，原子力損害の賠償に関する法律（原賠法）の第3条第1項の但し書きは，原発事故について「その損害が異常に巨大な天災地変又は社会的動乱によって生じたものであるときは，この限りでない」と規定しているが，大地震が引き金となったとしても，フクシマ原発大事故は人災の側面を極めて大きく有しているといえよう[3]。

本来ならば，東京電力は破綻処理されなければならなかった。しかし，法人としての東京電力はもとより，東京電力の大株主と債権者としての立場にある金融機関はその重みに見合う痛みを伴うことなく今日に至っている。したがって，その責任が問われなければならない。なお，破綻処理しなかった代替案として，東京電力ホールディングス（以下，東京電力HD）の優先株を将来売却して単に以前の民営企業に戻すのではなく，ドイツの「再公有化」と「地域分散」のモデル（第11章参照）を参考にして東電グループを再構築していくことも1つの方法として考えられよう。

7. 原発再稼動による原発投資の回収と再生可能エネルギーへの消極性

伊東［2013］は，ボーモルの考え[4]に触れて，ある市場や事業に一旦参入した企業が退出を決意した時，取り戻すことができない費用である「埋没費用」（サンクコスト）について言及している。埋没費用は，原子力発電あるいは電力産業のように，初期投資が巨額で固定資本を必要とする産業では多額になる。また使用済み核燃料や低レベル放射性物質の費用はどのくらいかかるか確定できないが，少なくとも「埋没費用が巨額」になるという（伊東［2013］121-124頁）。

原発はこのように初期投資である建設費に加えて，使用済み核燃料，低レベル放射性物資や解体などの後処理費が高額に上るのであるが，運転費のコストは比較的低く済む特徴がある。したがって電力会社は，既に建設された原発を運転して，原発に投資された固定資本（固定資産）を回収しようとする動機が生まれる。このことが，脱原発に向かわずに原発再稼働を進める1つの要因として働いていると考えられる。

さらにフクシマの原発大事故後に増加した「焚増しコスト」（化石燃料使用量に購入単価を乗じたもの）の節約も再稼働を目指す動機となった。フクシマ原発大事故前に運転可能だった54基の約3分の1に相当する原発約18基を再稼働すると5,000億円程度の節約ができるという。電力会社は，原発を早急に再稼働することで，緊急購入とアベノミクスの円安によって超高値となっていた化石燃料を「発電のために燃やすという異常事態を解消したい」という動機をもっており，そのことが背景にあることが指摘されている（吉岡ほか［2015］8-9頁）。

但し，政府（経済産業省）は，後述のように原発の電源構成を2030年に20～22%にしたいと考えており，そのためには，18基どころか原発30基程度の再稼働が必要となる。40年を稼働期間とすると，2030年から遡って1991年以降に新設された原発はちょうど18基しかない計算になる（『東京新聞』2018年5月18日）。したがって，原発の危険な稼働期間の延長や高コストの新規増設をしなければ，この目標を達成できないという無謀な考えとなっている。

原発事業から撤退すれば，電力会社は「焚増しコスト」の節約と既存の原発への投資を回収できなくなってしまう。たとえ再稼働のためのコストが高くても，既存の原発を再稼働して税法上の耐用年数でなく，実質的な耐用年数まで使い切れば（あるいはそれ以上の年数の使用で），損失の増大を回避でき，原発の投資（固定資産）は電力料金で回収することが可能となる。そして，このために，発電量を調整できないこの電源を，できるだけベースロード電源として位置づけて，再生可能エネルギーの参入（接続）を「安定供給」という名目で可能な限り回避することが企図されていると考えられる。

日本のエネルギー基本計画は，2016年度実績に対して2030年に次のような電源構成の目標を掲げている。すなわち，原発を1.7%から20～22%（約18～20%増）に，再生可能エネルギーが15.3%から22～24%（約7～9%増）に，天然ガスなど火力を83%から56%（27%減）にする計画である。これに対して，アメリカの情報会社であるBloomberg New Energy Financeの計算によると，世界全体では2016年に対して2040年に，原発が5.3%から3.5%（約2%減）に，再生可能エネルギーを32.2%から66.3%（約34%増）に，天然ガスなど火力が62.2%から30.4%（約32%減）になると予測されている（『東京新聞』2018年5月13日）。世界が原発と火力を縮小して，再生可能エネルギーの拡大に向かっているのに対して，日本は原発を拡大して，火力を縮小するが，再生可能エネルギーの拡大には消極的であることがわかる。

8. なぜ電力産業などは，原発に執着するのか：「国策民営」としての原子力発電

原発のコストが高いことは，既に大島［2012］や伊東［2013］などによって明らかにされてきた。しかし，経済産業省・資源エネルギー庁の審議会である総

合資源エネルギー調査会の発電コスト検証ワーキンググループ［2015］の「2015年試算」は，原発の設備利用率を70％として原子力：10.1円/kWh～，石炭：12.3円/kWh，LNG：13.7円/kWhと未だに原発のコスト低く試算している。さらに経済産業省・資源エネルギー庁総合資源エネルギー調査会［2018］「第5次エネルギー基本計画（案）」の電源コスト計算の前提では，既に原発がコスト競争力を失っているにもかかわらず，この「2015年試算」を今も用いているのである（『東京新聞』2018年5月17日）。

しかし，この設備利用率70％の仮定について，熊本［2017］によると「ベースロード電源として使用されるには，80％以上の高い設備利用率を達成することが必要であるが，原発の設備利用率は，2015年までの直近10年平均で35.6％，直近5年平均で6.5％である」（122頁）という。この設備利用率は，電気事業連合会「情報ライブラリー」のデータから算出されているが，このデータから3.11放射能汚染漏れ事故前の5年間（2006～2010年）で計算しても実際の設備利用率は64.7％と低いことがわかる。

そこで，この経済産業省などが依拠する「2015年試算」を熊本［2017］が補正計算している。その電源別のコスト（固定費含む）は，原子力：10.94円/kWh～，石炭：9.35円/kWh，LNG：7.04円/kWhとなり，経産省などの「『原発の電気が安い』の主張が誤りであること，原発が高コストの失格電源であり，不要な電源であること」（熊本［2017］122‑135頁）が明らかにされている。

また，大島賢一氏の計算（2018年4月）によると，建設費や事故リスク対応費の増分を算入すると原発のコストは17.6円/kWh以上とさらに高コストになると指摘されている。この金額は太陽光発電の入札価格17.2円（2017年度，大規模設備対象）を上回るという（『東京新聞』2018年5月13日，2018年5月17日）。

それでも電力産業や政府は，なぜ原発に執着するのだろうか。ここでは，前節の既存原発の投資回収のインセンティブに加えて，このような原発のデメリットとメリットをさらに確認しておこう。

前述のように原子力発電のメリットとして喧伝されてきた「経済性」に加えて，そのメリットとされた「供給安定性」，「環境保全性」も，実際は次の①～

③のようにメリットでなく，デメリットであったといわれる（吉岡［2012］2-3頁）。さらに，この3つのデメリットに加えて，④〜⑧を付け加えると8つのデメリットを挙げることができる（吉岡・寿楽・宮台・杉田［2015］9-10頁）。

すなわち，①福島原発事故後の発電原価の倍増による不経済性，②事故などによる供給の不安定性，③広域かつ次世代へも及ぶ放射能汚染による環境破壊，④過酷事故による「修復不可能な被害」と広範囲な「高濃度汚染地帯」による無人地帯の発生と被害，⑤「放射能の後始末という問題」（燃料サイクルバックエンドコスト，施設解体や除染），⑥軍事転用される危険，⑦原発立地の困難性，⑧核燃料サイクルバックエンドコスト，施設解体や除染のコストがいくらかかるかわからない点である。

これに対して原発のメリットは，次の3つである。それは，①前述した既設炉コストの優位性，②中東諸国に依存しないことによる天然ウラン・濃縮ウラン資源の「安定供給」の確保，③「温室効果ガス排出量が火力よりひと桁少ない」点である（吉岡・寿楽・宮台・杉田［2015］9-10頁）。但し，原発が地球温暖化に繋がることは既に指摘したところである。

このように多くのデメリットを抱えるにもかかわらず，原発を捨てられない理由がさらにあることが指摘されている。すなわち，吉岡［2012］は，「原子力発電は日本国内の電力供給以外の機能を担っており，その機能を維持するために政府は原発に固執しつづけ，電力会社もそれに歩調を合わせているのではないか」とその要因について言及している。その電力供給以外の機能とは，「日米原子力同盟」であり，次の2つがその背景として挙げられる。

第1は，製造面の要因である。すなわちアメリカのメーカーは単独で原子炉を製造する能力を失っており，日本メーカーに強く依存した状況になっていることである。もし脱原発により，日本メーカーが原発から撤退すれば，アメリカのメーカーが打撃を受けて，「ドミノ倒し的に，アメリカにおける脱原発へと波及する可能性が高い」と指摘されている。そのためアメリカ政府は日本の脱原発に強く反対しなければならず，日本に外圧を掛けて原発を維持させなければならいのである（吉岡［2012］6-7頁）。

第2に，軍事面の要因が挙げられる。日本は，アメリカの核の傘の下に「自前の核武装を差し控えてきた」が，核武装のための技術的・産業的な潜在能力を発展させてきたといわれる。この潜在能力が核燃料サイクル技術であり，仮にこれを利用して「核兵器保有国となれば，日本が独自の外交政策・安全保障政策を展開する誘因が強まる」と見られている。このことは日米同盟の不安定化を招きかねないという。そこで日本を核武装させずに，その一歩前の潜在的な核武装国の段階で押し止めておく政策として，アメリカ政府は，日本に対して核燃料リサイクルによるプルトニウムの製造などを容認することが「最善の策」と考えたのである（吉岡［2012］7-8頁）。

これに加えて，他の諸国が原発から撤退しているのをいいことに，今後，人口が増大し，エネルギーが不足する新興国に日本は政府を挙げて原発関連企業を原発から撤退させないために原発を売り込んでいこうとしている。このことも，電力産業，東芝や三菱重工業をはじめとする原発関連企業が，原発事業を捨てない理由になっているといえよう（鳥畑・岡田・米田・田村・増田［2016］）。

いずれにしても，電力会社の原発コストの回収などの経営面に加えて，アメリカ政府と日本政府との関係，それら関係に規定された日本政府，原発を有する電力会社，原発メーカーなどの「協調関係」によって，製造面および軍事面での「日米原子力同盟」が脱原発へ向かう方向をさらに阻んでいるといえよう。したがって，このような関係が転換されなければならない。

9. 再生可能エネルギーを補うLNG火力発電の役割と石炭火力発電の問題

電力産業は，どのような方向へ向かわなければならないのであろうか。まず電力産業は，再生可能エネルギーを中心に据えて，「LNG（液化天然ガス），LPG（液化プロパンガス）やガスタービン発電」の利用（吉田［2011］20頁）と省エネ社会の実現に対応した電力産業へと変わらなければならない。すなわち，原発を廃止し，再生可能エネルギーが普及拡大するまで，当面，ガス火力発電や水力発電を中心に動かし，その後はできるだけ早く再生可能エネルギー中心の発電へ転換していくべきである。もちろん，再生可能エネルギーのうち変動電源である部分（風力や太陽光発電など）については，発電部門（事業）と送電部門（事業）などの協力により，ドイツのようにガス火力発電や揚水力発電で調整する必要があろう。いずれにしても，原発に依存する「ベースロード電源」モデルから再生可能エネルギーなどを中心とした「フレキシブル運用電源」モデルへ転換しなければならない。省エネでは，スマートメータやスマートシティを小売部門（事業）で推進していくことが重要であろう。

ところが，電力産業は，原発依存だけでなく，環境負荷の高い石炭火力発電に投資しているという問題が今日生じている。石炭火力発電方式は，原子力発電と同じように24時間稼働させなければならず，調整電源としての機能も果たさない。そのため，石炭火力発電は，原発と同じように再生可能エネルギーの普及の阻害要因となるとともに，PM2.5，SOx，NOxなどを出さないLNG火力発電とも異なる発電方式である。さらに他の電源に比べて大量に放出されるCO_2，水銀，石炭灰の処理問題を克服できない。

しかし，東京電力HDは三菱商事，三菱重工などの三菱グループとともに，このような石炭火力発電であるIGCC[5]を勿来（なこそ）IGCCパワー合同会社や広野（ひろの）IGCCパワー合同会社を福島県に設立し推進している。石炭火力発電を一般的に設置するだけでも問題があるにもかかわらず，フクシマ原発大事故に見舞われた福島の「復興」のための電力設備として投資している。このことは極めて問題があるといわざるをえない。

しかも，このようなCO_2などの環境負荷が大きい発電に，三菱東京UFJ銀行，日本政策投資銀行，みずほ銀行，三井住友銀行のような金融機関が資金を供給している（福島県の東邦銀行などもこれに加わっている）。これら金融機関は，原発事故以前に原発を推進していた東京電力の10大株主であり，かつ債権者であったことは既に第6章で触れた通りである。これら金融機関が再びこのような石炭火力発電に資金を拠出しているのである（東京電力HD［2016］）。これらの金融機関は，SRI（social responsibility investment）やESG（environmental, social and governance）投資を踏まえて，再生可能エネルギーやそれを補う最新のガス火力発電を促進する投資に資金を拠出し，原発や石炭火力を推進する事業からはダイベストメントするべきである（投資を撤退させるべきである）。

既にイギリス，フランスやカナダでは，二酸化炭素の排出などが多い石炭火力発電の廃止を決めており，「地球温暖化対策」として世界的に火力発電の縮小が見込まれることから，アメリカのGE（General Electric Company）やドイツのSiemens AGでも電力部門事業を見直す動きが広がっている。そのため原発再稼働支援や「原燃サイクル等」の事業拡大などを目指す三菱重工業さえも火力事業を大幅に見直し石炭火力縮小に向かわざるを得なくなっているのが現状である（NHK［2018］）。

東京電力HDや電力会社の向かう道は，第1には再生エネルギー発電の拡大と原発廃止に進むべきであり，次善の策として再生可能エネルギー普及までは繋ぎ役としての最新のLNG火力を石炭火力に代わって推進しなければならない。[6]

以上のように，電力産業は，責任をもってこれらの諸課題を果たさなければならないといえよう。

注

1 その他に，「100万年に1回」や「500年に1回」という主張の問題点については，小菅［2014］71-77頁を参照のこと。なお，小菅［2014］によれば，「500年に1回」の考え方は，実に原発「50基全体では，日本のどこかで10年に1回くらいの割合で今回のような事故が起きる計算になる」（75頁）という。

　もっとも何回に1回という想定を立てたところで，このような大事故が起きること（起きたこと）にはかかわりなく，一度，大事故が起きればどのような厳しい被害を受けるかを，我々は既に知っているのである。

　なお，「確率論的安全評価」の問題点については，佐藤・田口［2016］（第3章）を参照されたい。

2 損害賠償や廃炉費用については，本書の高野による第2章を，託送料金を通じての電力消費者の負担転嫁については，熊本［2017］第2章も参照のこと。また，廃炉会計にかかわる原子力発電設備や核燃料については，本書の第3章および金森［2016］第6章，第7章を参照のこと。

3 伊東［2013］は，原賠法の第3条第1項但し書きが適用されるとしている。

4 Baumol et al.［1982］.

5 IGCCは，integrated coal gasification combined cycleの略で，石炭ガス化混合発電とも呼ばれる。

6 石炭火力の問題は，NPO法人 気候ネットワークを参照のこと。また，福島県の石炭火力発電の推進の問題は，NPO 法人 アジア環境エネルギー研究機構 第 4 回総会記念講演会（2018 年 5 月 13 日）における気候ネットワーク桃井貴子氏の講演「炭素火力発電所を巡る国内外の状況」と参加者の荒井恵子氏の質疑応答から示唆を得たものである。なお，本章第 1 節～第 3 節は谷江が，第 4 節～第 9 節は田村が執筆している。

参考文献一覧

Baumol, W.J., C. Panzar and R.D. Wiling［1982］*Contestable Markets and the Theory of Industry Structure.*

伊東光晴［2013］『原子力発電の政治経済学』岩波書店。

大島堅一［2012］『原発はやっぱり割に合わない―国民から見た本当のコスト原発のコスト』東洋経済新報社。

NHK［2018］「NHK Web News 温暖化対策 火力発電事業見直しの動き 人員削減も」5 月 14 日（https://www3.nhk.or.jp/news/html/20180514/k10011437161000.html?utm_int = news-new_contents_list-items_164〔最終閲覧日：2018 年 5 月 15 日〕）。

金森絵里［2016］『原子力発電と会計制度』中央経済社。

熊本一規［2017］『電力改革の争点―原発保護か脱原発か』緑風出版。

小菅伸彦［2014］『脱原発の社会経済学―〈省エネルギー・節電〉が日本経済再生の道』明石書店。

桜井徹［2016］「原発廃炉・処理費用と電力コンツェルン―ドイツの背後責任法案と引当金評価報告書―」『商学集志』第 85 巻第 4 号。

佐藤嘉幸・田口卓臣［2016］『脱原発の哲学』人文書院。

資源エネルギー庁原子力小委員会［2014］「競争環境下における原子力事業の在り方」（第 5 回）8 月 21 日。

資源エネルギー庁総合資源エネルギー調査会［2018］「第 5 次エネルギー基本計画（案）」5 月 18 日。

資源エネルギー庁廃炉に係る会計制度検証ワーキンググループ［2013］『資料 5 原子力発電所の廃止措置を巡る会計制度の課題と論点』（第 1 回）6 月，17 頁。

醍醐聰［2008］『会計学講義［第 4 版］』東京大学出版会。

鳥畑与一・岡田知弘・米田貢・田村八十一・増田正人［2016］「誌上シンポジウム＝東日本大震災 5 年 日本資本主義の矛盾と課題」『経済』4 月号。

西尾漠［2014］『原子力発電は「秘密」でできている』クレヨンハウス。

発電コスト検証ワーキンググループ［2015］「長期エネルギー需給見通し小委員会に対する発電コスト等の検証に関する報告」5 月。

三菱商事・三菱重工業・三菱電機・東京電力ホールディングス・常磐共同火力［2016］「福島復興に向けた世界最新鋭の石炭火力発電所を建設・運営する事業会社の設立について」10 月 20 日（プレスリリース）（http://www.tepco.co.jp/press/release/2016/1331551_8626.html〔最終閲覧日：2018 年 5 月 13 日〕）。

山﨑真理子［2016］「資産除去債務」『内部留保の研究』唯学書房。
山田雅俊［2018］「原子力発電の持続不可能性」大西勝明・小阪隆秀・田村八十一編著『現代の産業・企業と地域経済―持続可能な発展の追究―』晃洋書房。
吉岡斉［2012］『叢書震災と社会 脱原子力国家への道』岩波書店
吉岡斉・寿楽浩太・宮台真司・杉田敦［2015］『原発 決めるのは誰か』岩波書店。
吉田文和［2011］『グリーン・エコノミー』中央公論新社。

（谷江武士・田村八十一）

和文索引

【さ行】

【た行】

【な行】

【は行】

【ま行】

【や行】

【ら行】

欧文索引

執筆者略歴等　（執筆順，2018年9月1日現在）　＜◎は編者＞

◎谷江武士（たにえ・たけし）

名城大学名誉教授

1945年生まれ。法政大学社会学部卒業。法政大学大学院社会科学研究科経済学専攻修士課程修了。駒沢大学大学院商学研究科博士課程単位取得。博士（商学）。名城大学経営学部教授，名城大学大学院経営学研究科教授を経て2017年より名城大学名誉教授。

著書として，『自主管理企業と会計―ユーゴスラヴィアの会計制度』（大月書店），『基本経営分析』（中央経済社），『ユーゴ会計制度の研究―所得分配会計変遷史』（大月書店），『キャッシュ・フロー会計論』（創成社），『事例でわかるグループ企業の経営分析』（中央経済社），『東京電力　原発事故の経営分析』（学習の友社）。共編著として『東京電力―原発にゆれる電力』（大月書店），『日本のビッグ・インダストリー　電力』（大月書店），『会計学中辞典』（青木書店），『内部留保の経営分析―過剰蓄積の実態と活用』（学習の友社），『経営・会計入門』（創成社），『内部留保の研究』（唯学書房），『現代日本の企業分析』（新日本出版社）他。

髙野　学（たかの・まなぶ）

駒澤大学経済学部教授

1976年生まれ。明治大学商学部卒業，明治大学大学院商学研究科博士前期課程・後期課程修了。博士（商学）。西南学院大学商学部専任講師，准教授を経て2018年より現職。

著書として，『企業会計の構造と変貌』（分担執筆，ミネルヴァ書房），『日本のリーディングカンパニーを分析する NO.4　流通／テレコム』（分担執筆，唯学書房），『経済成長の幻想―新しい経済社会に向けて』（分担執筆，創成社）他。

山﨑真理子（やまざき・まりこ）

東京高等教育研究所運営委員

1983年生まれ。明治大学商学部卒業。明治大学大学院商学研究科博士後期課程修了。博士（商学）。
主な論文・著書に「排出権取引をめぐる諸問題」（『会計理論学会年報』No23，会計理論学会），「原発の会計―総括原価方式の問題点と今後のエネルギー政策の方向性」（共著，会計理論学会スタディグループ最終報告），『ファンド規制と労働組合』（共著，新日本出版），『内部留保の研究』（共著，唯学書房）。

田中里美（たなか・さとみ）
三重短期大学法経科准教授
1980年生まれ。2010年明治大学大学院博士後期課程修了。博士（商学）取得。明治大学，専修大学等の非常勤講師を経て，2012年三重短期大学法経科専任講師に着任。2015年より准教授。
著書に『会計制度と法人税制―課税の公平から見た会計の役割についての研究』（単著，唯学書房），『内部留保の研究』（小栗崇資・谷江武士・山口不二夫編，共著，唯学書房），『経済成長の幻想―新しい経済社会に向けて』（共著，創成社）他。

◎田村八十一（たむら・やそかず）
日本大学商学部教授
日本大学商学部卒業。日本大学大学院商学研究科会計学専攻博士前期課程修了。日本大学大学院商学研究科会計学専攻博士後期課程満期退学。修士（商学）。日本大学商学部准教授などを経て2010年より日本大学商学部教授。
共編著として，『現代の企業・産業と地域経済：持続可能な発展の追究』（晃洋書房，2018年）。共著として，『日本のビッグインダストリー 金融―金融は社会的役割を取り戻せるか』（大月書店，2001年），『現代産業と経営分析』（多賀出版，2001年），『企業会計の構造と変貌』（ミネルヴァ書房，2005年），『会計のリラティヴィゼーション』（創成社，2014年），『内部留保の研究」（唯学書房，2015年），『現代日本の企業分析』（新日本出版社，2018年）。単著論文として，「CSR，持続可能性と経営分析―社会，労働の視点から」『商学集志』（日本大学，2015年），「批判的経営分析の可能性と課題」『会計理論学会年報』（会計理論学会，2017年）他。

松田真由美（まつだ・まゆみ）

公益財団法人政治経済研究所主任研究員

1971年生まれ。法政大学大学院社会科学研究科経営学専攻博士課程単位取得退学。立教大学経済学部兼任講師。

著書として，『福島事故後の原発の論点』（編集委員および分担執筆，本の泉社），アンガス・マディソン『世界経済史概観―紀元1年－2030年』（共同翻訳，岩波書店），『現代の企業分析―企業の実態を知る方法』（分担執筆，新日本出版），『経済成長の幻想―新しい経済社会に向けて』（分担執筆，創成社），『内部留保の研究』（分担執筆，唯学書房），『社会化の会計』（分担執筆，創成社），『環境会計の理論と実態』（分担執筆，中央経済社）他。

金子輝雄（かねこ・てるお）

青森公立大学経営経済学部教授

1962年生まれ。拓殖大学商学部卒業。金融機関勤務ののち，専修大学大学院商学研究科修士課程修了。拓殖大学大学院経済学研究科博士後期課程単位修得退学。八戸大学商学部専任講師，助教授，青森公立大学経営経済学部准教授を経て2017年より現職。

著書として『基本財務会計論』（共著，同文舘出版社），『公共性志向の会計学』（分担執筆，中央経済社），『現代日本企業の企業分析』（分担執筆，新日本出版社）他。

桜井　徹（さくらい・とおる）

国士舘大学経営学部教授

1950年生まれ，大阪市立大学経済学部卒業。大阪市立大学大学院経済学研究科修士課程修了，日本大学大学院商学研究科博士後期課程単位取得。博士（商学），日本大学商学部教授をへて2016年度から現職。

著書として『ドイツ統一と公企業の民営化―国鉄改革の日独比較』（同文舘出版），共編著として『日本のビッグ・インダストリー　7　交通運輸』（大月書店），『競争と規制の経営学』（ミネルヴァ書房），『転換期の株式会社　拡大する影響力と改革課題』（ミネルヴァ書房），共著として Public Sector in Transition（Tartu University Press），Public Sector Management in a Globalized World（Springer Fachmedien） 他。

平成 30 年 11 月 28 日　初版発行　略称：電力会計

電力産業の会計と経営分析

編著者 ©谷江武士
　　　　田村八十一

発行者　中島治久

発行所　同文舘出版株式会社
東京都千代田区神田神保町 1-41　〒 101-0051
営業（03）3294-1801　編集（03）3294-1803
振替 00100-8-42935　http://www.dobunkan.co.jp

DTP：マーリンクレイン
印刷・製本：萩原印刷

ISBN978-4-495-20851-6